AF898437

MATEMÁTICAS FUNDAMENTALES

Eduvina Villagrán Campos

EDITORIAL
UNIVERSIDAD
DE LA SERENA

DEPARTAMENTO DE
MATEMATICAS
UNIVERSIDAD DE LA SERENA

MATEMÁTICAS FUNDAMENTALES
Eduvina Villagrán Campos

Departamento de Matemáticas
Universidad de La Serena

SERIE UNIVERSITARIA

Primera edición: Mayo 2016
ISBN 978-956-7052-06-6

Editorial Universidad de La Serena
Los Carrera 207 - Fono 51-2204368
editorial@userena.cl
www.editorial.userena.cl

INDICE

PRESENTACIÓN

Este apunte está dedicado al estudio de aquellos temas del programa de la asignatura de Matemáticas Fundamentales del plan de estudio de la Carrera de Pedagogía en Matemática y Física, vigente actualmente.

Se presentan los números reales, algunas propiedades importantes del álgebra de estos números. Sin duda estos temas ya han sido ampliamente expuestos a lo largo de toda su enseñanza media sin embargo su objetivo es que el alumno sea capaz de reconocer y aplicar los conceptos matemáticos en la resolución de problemas necesarios para el desarrollo y estudio de situaciones de la vida real y/o proveniente de otras disciplinas.

Los contenidos que en él encontrará son: números reales y complejos, polinomios, teorema del binomio, logaritmos.

Su importancia radica en percibir la matemática como una disciplina en evolución y desarrollo.

Afianzar y completar la adquisición de los conceptos matemáticos básicos que se consideran esenciales en la formación de todo profesor de matemáticas y física, así como la formación de habilidades, destrezas y actitudes compatibles con una educación científica, sin desentender el logro de una operatoria con comprensión.

Fundamentar y aplicar los conceptos relevantes de matemáticas fundamentales en la solución de problemas de distinta índole.

Se elabora el presente apunte en el marco del Convenio de Desempeño de los académicos del Departamento de Matemáticas de la Universidad de La Serena, año 2014.

Hago presente los agradecimientos a Carmen Gloria Araya López quién colaboró en el diseño y la recopilación del presente apunte que hoy llega a vuestras manos.

Este texto fue financiado por el Programa de Desarrollo de Material Docente, Departamento de Matemáticas, Universidad de La Serena.

UNIDAD I

NÚMEROS REALES

El conjunto de los **números naturales** lo forman los números 1, 2, 3, ... el cual se denota por la letra **N**:

$$\mathbf{N} = \{1, 2, 3, \ldots\}$$

En este conjunto se encuentran soluciones a los problemas de contar y a los de sumar objetos. Sin embargo, en este conjunto el problema: "¿Qué número sumado con 7 es 2?", no tiene solución. También se puede en éste conjunto:

- Multiplicar sus elementos.
- Restar sus elementos sólo si el minuendo es mayor que el sustraendo.
- Dividir sus elementos sólo si el dividendo es múltiplo del divisor.

Para que la resta tenga siempre solución, existe un conjunto más amplio que **N**, el de los **números enteros**, el cual se forma a partir de los números naturales, denotado por la letra **Z**:

$$\mathbf{Z} = \{.., -3, -2, -1, 0, 1, 2, 3, \ldots\}$$

Notar que:

- Claramente **Z** es "más amplio" que **N**, pues lo contiene. $\mathbf{N} \subseteq \mathbf{Z}$.
- En **Z** se encuentra la solución al problema planteado anteriormente, que es – 5, el cual pertenece a **Z** y es el número que sumado con 7es 2.

Sin embargo, en **Z** no se encuentran soluciones a problemas como: "¿Qué número multiplicado por 9 es 12?"

Para dar solución al problema anterior, existe el conjunto de los **números racionales** denotado por **Q,** el cual constituye un conjunto más amplio que los números enteros, y son aquellos que se pueden escribir como el cuociente de dos números enteros en que el divisor es distinto de cero.
Se define como:

$$\mathbf{Q} = \left\{ \frac{p}{q} \; / \; p, q \in Z, q \neq 0 \right\}$$

Observaciones:

- El conjunto **Q** contiene al conjunto **Z,** puesto que todo número entero p, se puede escribir como $\frac{p}{1}$.
- Todos los números racionales se pueden representar mediante números decimales, finitos, decimales infinitos periódicos y decimales infinitos semiperiódicos.
- El conjunto **Q** contiene las soluciones de todos los problemas del tipo: "Determinar x tal que $b \cdot x = a$, en donde a y b son enteros y b es distinto de cero."

- En **Q** no se encuentran soluciones a problemas como: "¿Qué número al cuadrado es 2?"
- Existen números que no se pueden escribir de la forma $\frac{p}{q}$, p, q enteros y $q \neq 0$, por ejemplo $\sqrt{2}$, π, e , ... Éstos son llamados **números irracionales,** se denotan por **I** .

El conjunto de los números reales, denotado con **R,** es la unión del conjunto de números racionales con los números irracionales.

$$\mathbf{R} = \mathbf{Q} \cup \mathbf{I}$$

Se definen en **R** dos operaciones algebraicas que son la suma (+) y la multiplicación (•)

$$\begin{aligned} +: \mathbf{R} \times \mathbf{R} &\rightarrow \mathbf{R} \\ (a, b) &\rightarrow a + b \end{aligned}$$

$$\begin{aligned} \bullet: \mathbf{R} \times \mathbf{R} &\rightarrow \mathbf{R} \\ (a, b) &\rightarrow a \cdot b \end{aligned}$$

Estas operaciones satisfacen las reglas siguientes, llamadas **Axiomas de Cuerpo.**

Axiomas de la suma

Asociatividad : $\forall$ a, b, c $\in$**R,** se cumple: $a + (b + c) = (a + b) + c$

Conmutatividad : $\forall$ a, b $\in$**R,** se cumple: $a + b = b + a$

Existencia de elemento neutro aditivo : $\forall a \in \mathbf{R} \exists\, 0 \in \mathbf{R} \ni a + 0 = 0 + a = a$

Existencia de inversos aditivos : $\forall a \in \mathbf{R} - \{0\} \exists - a \ni a + (-a) = (-a) + a = 0$

Axiomas de la multiplicación

Asociatividad : $\forall$ a, b, c $\in$ **R,** se cumple: $a \cdot (b \cdot c) = (a \cdot b) \cdot c$

Conmutatividad : $\forall$ a, b $\in$ **R,** se cumple: $a \cdot b = b \cdot a$

Existencia del neutro multiplicativo : $\forall a \in \mathbf{R} \exists\, 1 \in \mathbf{R} \ni a \cdot 1 = 1 \cdot a = a$

Existencia de inversos multiplicativos : $\forall a \in \mathbf{R} - \{0\} \exists \frac{1}{a} = a^{-1} \ni a \cdot a^{-1} = a^{-1} \cdot a = 1$

Axioma de la distributividad

$\forall$ a, b, c $\in$ **R,** se cumple: $a \cdot (b + c) = a \cdot b + a \cdot c$

Con los axiomas dados anteriormente se dice que (**R**, +, •) tiene estructura de **cuerpo.**

Para el conjunto de los números reales son válidas las siguientes definiciones:

Definición : Dados a, b en **R,** a – b se define a + (– b); a tal número se le llama la **diferencia o resta** de a y b.

Definición : Dados a , b en **R** , $b \neq 0$, se define $a : b = a \cdot \frac{1}{b} = a \cdot b^{-1}$; a tal número se le llama el **cuociente** entre a y b.

Definición : Potencia de base real y exponente entero positivo es el producto de factores iguales, es decir, dado a en **R**, se define $\underbrace{a \cdot a \cdot a \cdot \ldots \cdot a}_{\text{n veces}} = a^n$, $\forall$ a $\in$ **R,** n $\in$ $\mathbf{Z}^+$; a^n se llama **potencia de a**.

Propiedades de los Números Reales.

Estas propiedades se demuestran, aplicando los axiomas de cuerpo de los reales.

Propiedad 1: $a \cdot 0 = 0$, $\forall$a en **R.**

Demostración:

$a \cdot 0$	$= a \cdot 0 + 0$	axioma del neutro aditivo.
	$= a \cdot 0 + [a + (-a)]$	axioma del inverso aditivo.
	$= [a \cdot 0 + a] + (-a)$	axioma de la asociatividad para la suma.
	$= [a \cdot 0 + a \cdot 1] + (-a)$	axioma del neutro multiplicativo.
	$= a \cdot (0 + 1) + (-a)$	por axioma de la distributividad.
	$= a \cdot 1 + (-a)$	por axioma del neutro aditivo.
	$= a + (-a)$	por axioma del neutro multiplicativo.
	$= 0$	por axioma del inverso aditivo.

Propiedad 2: Si $a \cdot b = 0$ entonces $a = 0$ o $b = 0$.$\forall$a, b en **R.**

Demostración:

Sea $a \cdot b$	$= 0, \; a \neq 0$	Multiplicar por inverso multiplicativo de a.
$a^{-1} \cdot (a \cdot b)$	$= a^{-1} \cdot 0$	
$(a - 1 \cdot a) \cdot b$	$= 0$	por axioma de la asociatividad de la multiplic.
$1 \cdot b$	$= 0$	por axioma del inverso multiplicativo.
b	$= 0$	por axioma del neutro multiplicativo.

Si se supone que $b \neq 0$ se obtiene de la misma forma que $a = 0$.

Propiedad 3: $-(-a) = a \; \forall \; a$ en **R.**

Propiedad 4 :$(-a) \cdot b = a \cdot (-b) = -a \cdot b \; \forall \; a, b$ en **R.**

Propiedad 5: $(-a) \cdot (-b) = a \cdot b \; \forall \; a, b$ en **R.**

Propiedad 6: $(a^{-1})^{-1} = a$; si $a \neq 0 \; \forall \; a$ en **R.**

Propiedad 7: Si $a + b = a + c$, entonces $b = c \; \forall \; a, b, c$ en **R.**

Propiedad 8: Si $a \cdot b = a \cdot c$, entonces $b = c$, siempre que $a \neq 0 \; \forall \; a, b, c$ en **R.**

Propiedad 9: $\frac{a}{1} = a, \forall \; a$ en **R.**

Propiedad 10: Si $a \neq 0$, entonces $\frac{a}{1} = a^{-1}, \forall \; a$ en **R.**

Propiedad 11: Si $a^2 = b^2$ entonces $a = b$ o $a = -b; \; \forall \; a, b$ en **R.**

Demostración:

$$
\begin{aligned}
a^2 = b^2 &\Rightarrow a^2 - b^2 = b^2 - b^2 && \text{sumando } - b^2 \text{ a ambos lados.}\\
&\Rightarrow a^2 - b^2 = 0 && \text{por axioma del neutro aditivo.}\\
&\Rightarrow (a + b)(a - b) = 0 && \text{por axioma de a distributividad.}\\
&\Rightarrow a + b = 0 \;\vee\; a - b = 0 && \text{por propiedad 2.}\\
&\Rightarrow a = -b \;\vee\; a = b
\end{aligned}
$$

Representación geométrica de los números reales

Se puede establecer una correspondencia entre los puntos de una recta y los números reales, de tal forma que a cada número real le corresponde a un único punto de la recta, y su vez, a cada punto de la recta le corresponde un único número real. Para ello basta elegir dos puntos arbitrarios de ésta, uno es el punto que corresponde al real cero, y el otro, a la derecha de este punto que corresponde al real $^{+}1$.

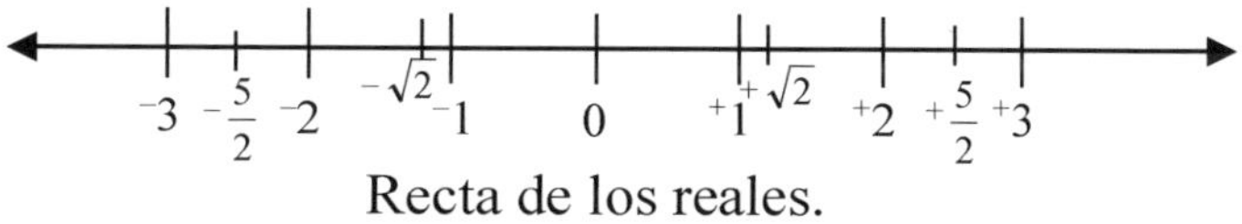

Recta de los reales.

En el conjunto de los reales se distinguen dos subconjuntos importantes:

- El conjunto de los **reales positivos**, denotado con $\mathbf{R}^{+}$**,** formado por los números que están ubicados a la derecha del punto que corresponde al real cero en la recta real, y
- El conjunto de los **reales negativos**, denotado por $\mathbf{R}^{-}$, son los números que están a la izquierda del punto que corresponde al cero en la recta real.

Esquemáticamente, los reales positivos y los reales negativos en la recta numérica:

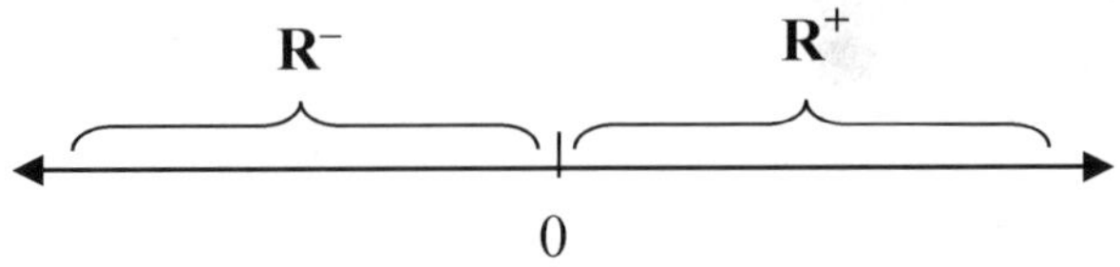

Observe que el real 0 no pertenece a ninguno de los subconjuntos $\mathbf{R}^+$ ni $\mathbf{R}^-$.

De ahora en adelante entonces, cuando se haga referencia al conjunto de los reales (**R**) se puede pensar en la recta real que lo representa.

Relaciones de orden en los números reales

Con esta idea en mente se presentan las **relaciones de orden** en el conjunto **R** de la siguiente manera, sean x e y números reales:

1. Se dice que x es menor que y, y se escribe $x < y$, si en la recta de los reales el punto que corresponde al real x se encuentra a la izquierda del punto que corresponde al número y.
   Definición: $x < y \Leftrightarrow y - x \in \mathbf{R}^+, \ \forall\, x, y \in \mathbf{R}$

   Ejemplo: $-7 < -3$, porque $-3 - (-7) = -3 + 7 = 4 \in \mathbf{R}^+$

2. Se dice que x es mayor que y, y se escribe $x > y$, si en la recta de los reales el punto que corresponde al real x se encuentra a la derecha del punto que corresponde al número y.
   Definición: $x > y \Leftrightarrow x - y \in \mathbf{R}^+, \ \forall\, x, y$ en **R**

   Ejemplo: $-4 > -12$, porque $-4 - (-12) = -4 + 12 = 8 \in \mathbf{R}^+$

3. Se dice que x es menor o igual a y, y se escribe $x \leq y$, si en la recta de los reales el punto que corresponde al real x se encuentra a la izquierda, o coincide con el punto que corresponde al real y.
   Definición: $x \leq y \Leftrightarrow x < y \vee x = y, \ \forall\, x, y \in \mathbf{R}$

   Ejemplos: $-4 \leq 2$, porque $-4 < 2$
   $8 \leq 7 + 1$, porque $8 = 8$

4. Se dice que x es mayor o igual que y, y se escribe como $x \geq y$, si en la recta de los reales el punto que corresponde al real x se encuentra a la derecha, o coincide con el punto que corresponde al real y.
   Definición: $x \geq y \Leftrightarrow x > y \vee x = y, \ \forall\, x, y \in \mathbf{R}$

   Ejemplos: $13 \geq 0$, porque $13 > 0$
   $4 \geq \sqrt{16}$, porque $4 = 4$

Dadas las relaciones de orden establecidas anteriormente se pueden ampliar las definiciones de reales positivos y negativos de la siguiente forma:

Definiciones:

- El conjunto de los **reales positivos**, denotado con $\mathbf{R}^+$, formado por los números que están a la derecha del cero en la recta real, es decir: $\mathbf{R}^+ = \{x \in \mathbf{R} / x > 0\}$
- El conjunto de los **reales negativos**, denotado por $\mathbf{R}^-$, formado por los números que están a la izquierda del cero en la recta real, es decir: $\mathbf{R}^- = \{x \in \mathbf{R} / x < 0\}$
- El conjunto de los **reales no negativos** está formado por la unión de los reales positivos y el cero $(R \cup \{0\})$,tiene la característica de que ninguno de sus elementos es negativo, es decir$\{x / x \geq 0\}$
- El conjunto $\{x / x \leq 0\}$ es llamado el **conjunto de los reales no positivos.**

Propiedades de las relaciones de orden

1. Si $x > y \wedge z \in \mathbf{R} \Rightarrow x + z > y + z$.
2. Si $x > y \wedge z \in \mathbf{R}^+ \Rightarrow x \cdot z > y \cdot z$.
3. Si $x > y \wedge z \in \mathbf{R}^- \Rightarrow x\ z < y \cdot z$.
4. $\forall x \in \mathbf{R}$, se tiene que $x^2 \geq 0$. De hecho, $x^2 = 0 \Leftrightarrow x = 0$
5. $x \cdot y > 0 \Leftrightarrow (x > 0 \wedge y > 0) \vee (x < 0 \wedge y < 0)$.
6. $x \cdot y < 0 \Leftrightarrow (x > 0 \wedge y < 0) \vee (x < 0 \wedge y > 0)$.

Intervalos en los Números Reales

Un intervalo es un subconjunto de los números reales que tiene la propiedad de que si dos números x e y están en tal subconjunto, entonces cualquier número z que se encuentre entre x e y también está en el subconjunto.

Un intervalo se define como:

Si x e y son números reales, tales que $x < y$, se define:

- El **intervalo cerrado** $[x, y]$ como el conjunto de los reales z tales que $x \leq z \leq y$.
- El **intervalo abierto** $]x, y[$como el conjunto de los reales z tales que $x < z < y$.

Se llama **intervalo** a cualquier intervalo abierto o a cualquier intervalo cerrado. Gráficamente, pueden presentarse así:

Intervalo abierto, el cual es denotado por $]x, y[$

Intervalo cerrado, el cual es denotado por $[x, y]$

Ejemplo:

a.) **R**, $\mathbf{R}^+$ y $\mathbf{R}^-$ son intervalos de **R**.

b.) Los conjuntos $\{x \in \mathbf{R} \,/\, -5 \leq x \leq 4\} = [-5, 4]$ y $\{x \in \mathbf{R} \,/\, 3 < x \leq 9\} =]3, 9]$ son intervalos de **R**.

c.) Sin embargo, el conjunto $A = \{x \in \mathbf{R} \,/\, 1 < x < 2\} \cup \{x \in \mathbf{R} \,/\, 4 < x < 9\}$, no es un intervalo, porque los reales 1,5 y 8 pertenecen a A, el real 3 se encuentra entre 1 y 9, pero 3 no pertenece a A.

Utilizando este mismo tipo de notación también se definen los conjuntos:

Definiciones:

- El conjunto de todos los puntos de la recta que se encuentran a la izquierda del punto correspondiente al real z, se denomina **intervalo abierto infinito**, denotado por $\{x \in \mathbf{R} \,/\, x < z\} =]-\infty, z[$ y representando geométricamente por:

- El conjunto de todos los puntos de la recta que se encuentran a la derecha del punto correspondiente al real z, se denomina **intervalo abierto infinito**, denotado por $\{x \in \mathbf{R} \,/\, x > z\} =]z, +\infty[$ y representando geométricamente por:

- El conjunto de todos los puntos de la recta que se encuentran a la izquierda del punto correspondiente al real z, incluyéndolo, es también un **intervalo cerrado infinito,** denotado por $\{x \in \mathbf{R} \,/\, x \leq z\} =]-\infty, z]$, representado geométricamente por:

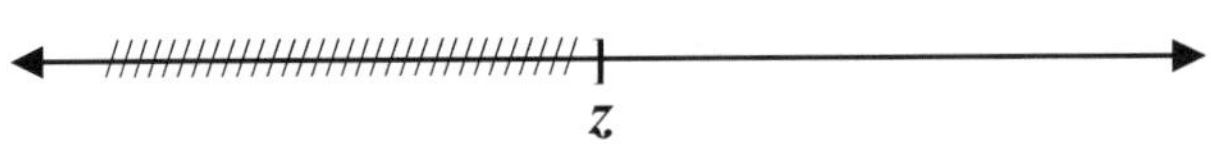

- El conjunto de todos los puntos de la recta que se encuentran a la derecha o coinciden con el punto correspondiente al real z, es un **intervalo cerrado infinito,** denotado por $\{x \in \mathbf{R} \,/\, x \geq z\} = [z, +\infty[$, y representado geométricamente por:

- Los intervalos del tipo $I_1 = [x, y[= \{z \in \mathbf{R} \,/\, x \leq z < y\}$, $I_2 =]x, y] = \{z \in \mathbf{R} \,/\, x < z \leq y\}$ son llamados **intervalos semiabiertos**, y representados geométricamente por:

I_1
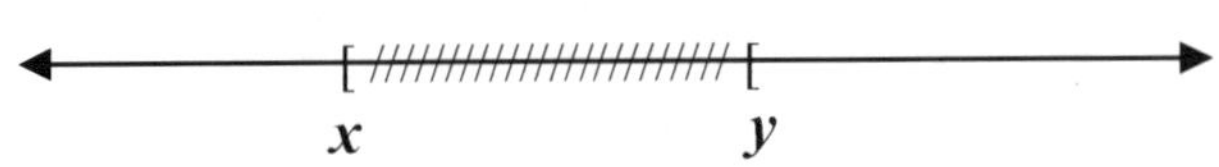

I_2
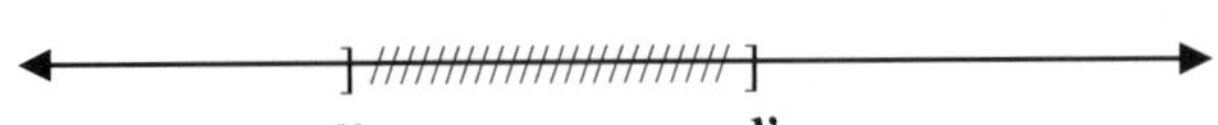

Valor Absoluto de un Número Real

Definición: El **valor absoluto** de un número real x, denotado por $|x|$, se define como:

$$|x| = \begin{cases} x > 0 \\ x = 0 \\ -x < 0 \end{cases}$$

Así por ejemplo, $|3| = 3$, $|-4| = -(-4) = 4$, $|0| = 0$

Una interpretación geométrica que se puede dar a $|x|$ es la distancia que existe entre el punto de la recta que corresponde al real x, y el punto que corresponde al 0.
Por ejemplo, la distancia que existe entre los puntos correspondientes a los números reales -4 y 0 es $|-4| = -(-4) = 4$.

Más aún, el valor absoluto $|x - y|$ puede ser interpretado como la distancia existente entre los puntos que corresponden a los reales x e y en la recta.
Por ejemplo, la distancia entre $x = 9$ e $y = 4$ es $|9 - 4| = |4 - 9| = 5$.

Propiedades del valor absoluto de un número real:

Para todo x, y que pertenece a los números reales se cumple:

1. $|x| \geq 0$.
   Demostración: si $x \geq 0 \Rightarrow |x| = x \geq 0$ (*)
   si $x < 0 \Rightarrow -x > 0$
   $\Rightarrow |-x| = -x > 0$ (**)
   $\therefore |x| \geq 0$ por (*) y (**)

2. $|x \cdot y| = |x| \cdot |y|$

3. $\left|\frac{x}{y}\right| = \frac{|x|}{|y|}$ con $y \neq 0$

4. $|x| \leq a \Leftrightarrow -a \leq x \leq a$ con $a > 0$
   Esta propiedad se demuestra en dos partes:

   Parte 1: Si $|x| \leq a \Rightarrow -a \leq x \leq a$.
   Demostración: Por dato $|x| \leq a \wedge$ por definición si $x \geq 0 \Rightarrow |x| = x$
   $\therefore x \leq a$ (*)
   Por dato $|x| \leq a \wedge$ por definición si $x < 0 \Rightarrow |x| = -x$
   $\therefore -x \leq a \Rightarrow x \geq -a$ (**)
   $\therefore -a \leq x \leq a$ por (*) y (**)

Parte 2: Si $-a \leq x \leq a \Rightarrow |x| \leq a$.

Demostración: Por dato $x \leq a \wedge$ por definición si $x \geq 0 \Rightarrow |x| = x$

$\therefore |x| \leq a$

Por dato $-x \leq a \wedge$ por definición si $x < 0 \Rightarrow |x| = -x$

$\therefore |x| \leq a$

$\therefore -x \leq a \Rightarrow x \geq -a$ (**)

Por lo que se demuestra que $|x| \leq a$.

5. Si $a > 0 \wedge |x| \geq a \Rightarrow x \geq a \vee -a \leq a$

6. $\sqrt{x^2} = |x|$

7. $|x^2| = x^2$

8. $x^2 < y^2 \Leftrightarrow |x| < |y|$

9. $|x + y| \leq |x| + |y|$

   Demostración: si $x \geq 0 \Rightarrow |x| = x$

   si $x < 0 \Rightarrow |x| = -x \Rightarrow x = -|x|$

   $\therefore -|x| \leq x \leq |x| \wedge -|y| \leq y \leq |y|$

   $-(|x| + |y|) \leq x + y \leq |x| + |y|$ Aplicando la propiedad 4

   $|x + y| \leq |x| + |y|$

Inecuaciones

Definición: Una inecuación es una desigualdad que contiene una o más incógnitas la cual se satisface para un subconjunto de números reales.

Resolver una inecuación es determinar el intervalo de números reales para la cual la desigualdad se cumple. Todas las propiedades del álgebra que se utilizan para resolver ecuaciones son también válidas en el caso que el signo igual que aparece en la ecuación se cambie por $<, \leq, \geq, >$, excepto aquella regla donde se multiplica o divida por un número negativo, en este caso la desigualdad "cambia de sentido".

Ejemplo1:Resolver la desigualdad $2x + 3 > 4x - 7$

Solución:

$2x + 3 > 4x - 7$ / sumando el inverso aditivo de 4x y 3

$2x - 4x > -3 - 7$ / reduciendo términos semejantes

$-2x > -10$ / multiplicando por el inverso multiplicativo de -2

$x < 5$.

Respuesta: $\{x \in \mathbf{R} / x < 5\} =]-\infty, 5[$

Ejemplo2: Determinar el conjunto $A = \left\{ x \in R \middle/ \frac{2x+1}{x+2} < 1 \right\}$

Solución:

$\frac{2x+1}{x+2} < 1$ Sumar inverso de 1

$\frac{2x+1}{x+2} - 1 < 0$ Sumando racionales

$\frac{x-1}{x+2} < 0$ "Si un **Q** es < 0 entonces (numerador $> 0 \wedge$ denominador $< 0) \wedge$

(numerador$< 0 \wedge$ denominador > 0)"

$\therefore\ (x-1>0 \ \wedge\ x+2<0)\ \vee\ (x-1<0\ \wedge\ x>-2)$

$(x>1\ \wedge x<-2)\ \vee\ (x<1\ \wedge\ x+2>0)$

$\therefore\ A = \phi \cup\ ]-2, 1[\ = \ ]-2, 1[\ = \{ x \in R / -2 < x < 1\}$

Definición: Sean a, b, c números reales, con a ≠ 0. Una expresión del tipo a x + b < c (donde la desigualdad puede ser cualesquiera: <, ≤, >, ≥) se llama inecuación de primer grado con incógnita x.

Ejemplo 3: La inecuación de primer grado 7x + 10 < 5,tiene como solución $\left]-\infty, -\frac{3}{7}\right[$

Ejemplo 4: La inecuación x + 23 ≤ 11x – 7, tiene como solución [3, + ∞[

Ejemplo 5: Resolver la inecuación $\frac{1}{x} < 3,\ x \neq 0$

Solución:

$\frac{1}{x} < 3$ Sumar el inverso aditivo de 3

$\frac{1}{x} - 3 < 0$ Sumar racionales

$\frac{1-3x}{x} < 0$ "Si un Q es < 0 entonces (numerador $> 0 \wedge$ denominador < 0) $\vee$

(numerador $< 0 \wedge$ denominador > 0)"

Para resolver una inecuación como ésta, otro método que se puede utilizar, es el de la "Tabla de los Signos".
Antes de construir la tabla se encontrarán los "valores críticos", que son aquellos valores en que numerador y denominador se anulan o son igual a cero.

Si $1 - 3x = 0$ entonces $x = \frac{1}{3}$ (Valor Crítico del Numerador)

$x = 0$ (Valor Crítico del Denominador)

Se ordenan los valores críticos en la cabecera de la tabla desde el $-\infty$ al $+\infty$.

Tabla de signos

	$-\infty$ a 0	0 a $\frac{1}{3}$	$\frac{1}{3}$ a $+\infty$
$1 - 3x$	+	+	–
x	–	+	+
$\frac{1-3x}{x}$	–	+	–

Por lo tanto, la solución de la inecuación es:

$$]-\infty, 0[\cup \left]\frac{1}{3}, +\infty\right[= R - \left[0, \frac{1}{3}\right]$$

Ejemplo 6: Resolver la inecuación $\frac{2}{4-x} < 1,\ x \neq 4$

Solución:

$\frac{2}{4-x} < 1$ Sumar inverso aditivo de 1

$\frac{2}{4-x} - 1 < 0$ Sumar racionales

$\frac{2-4+x}{4-x} < 0$ Reducir términos semejantes

$\frac{x-2}{4-x} < 0$

Si $x - 2 = 0$ entonces $x = 2$ (Valor Crítico del Numerador)
$4 - x = 0$ entonces $x = 4$ (Valor Crítico del Denominador)

Tabla de signos:

	$-\infty$ a 2	2 a 4	4 a $+\infty$
$x - 2$	–	+	+
$4 - x$	+	+	–
$\frac{x-2}{4-x}$	–	+	–

La solución de la inecuación: $]-\infty, 2[\cup]4, +\infty[$

Ejemplo 7: Resolver la inecuación $\dfrac{2x+3}{5-x} \leq 9,\ x \neq 5$

Solución:

$\dfrac{2x+3}{5-x} \leq 9$ Sumar inverso aditivo de 9

$\dfrac{2x+3}{5-x} - 9 \leq 0$ Sumar racionales

$\dfrac{2x+3-45+9x}{5-x} \leq 0$ Reducir términos semejantes

$\dfrac{11x-42}{5-x} \leq 0$

Si $11x - 42 = 0$ entonces $x = \dfrac{42}{11}$ (Valor Crítico del Numerador)

$5 - x = 0$ entonces $x = 5$ (Valor Crítico del Denominador)

Tabla de signos:

	$-\infty$ a $\frac{42}{11}$	$\frac{42}{11}$ a 5	5 a $+\infty$
$11x-42$	$-$	$+$	$+$
$5-x$	$+$	$+$	$-$
$\dfrac{11x-42}{5-x}$	$-$	$+$	$-$

La solución de la inecuación es: $\left]-\infty, \dfrac{42}{11}\right] \cup \left]5, +\infty\right[$

Ejemplo 8: Resolver la inecuación $\dfrac{2}{x+2} \leq \dfrac{7}{1-6x},\ x \neq 2 \wedge x \neq \dfrac{1}{6}$

Solución:

$\dfrac{2}{x+2} \leq \dfrac{7}{1-6x}$ Sumar inverso aditivo de $\dfrac{7}{1-6x}$

$\dfrac{2}{x+2} - \dfrac{7}{1-6x} \leq 0$ Sumar racionales

$\dfrac{2(1-6x)-7(x+2)}{(x+2)(1-6x)} \leq 0$ Prop. distributiva de la multiplicación c/r a la adición

$\dfrac{2-12x-7x-14}{(x+2)(1-6x)} \leq 0$ Reducir términos semejantes

$\dfrac{-19x-12}{(x+2)(1-6x)} \leq 0$ Multiplicar por (-1)

$\dfrac{19x+12}{(x+2)(1-6x)} \geq 0$

Tabla de signos:

$$-\infty \qquad -2 \qquad -\frac{12}{19} \qquad \frac{1}{6} \qquad +\infty$$

$19x + 12$	$-$	$-$	$+$	$+$
$x + 2$	$-$	$+$	$+$	$+$
$1 - 6x$	$+$	$+$	$+$	$-$
$(x + 2)(1 - 6x)$	$-$	$+$	$+$	$-$
$\dfrac{19x+12}{(x+2)(1-6x)}$	$+$	$-$	$+$	$-$

Solución de la inecuación: $]-\infty, -2\,[\ \cup \left[-\frac{12}{19}, \frac{1}{6}\right[$

Hasta el momento se han resuelto inecuaciones de primer grado, pero también existen inecuaciones de otros grados, como por ejemplo las inecuaciones de segundo grado.

Definición: Una expresión del tipo $ax^2 + bx + c < 0$ (donde la desigualdad puede ser cualesquiera, $<, \leq, >, \geq$), $a, b, c \in \mathbf{R}$ y $a \neq 0$ se llama **inecuación de segundo grado** o **inecuación cuadrática**.

Ejemplo 9: Encontrar la solución de la inecuación cuadrática $3x^2 - 5x + 2 > 0$.

Solución:

$3x^2 - 5x + 2 > 0$ Factorizando el trinomio

$3\left(x - \frac{2}{3}\right)(x - 1) > 0$ "Si $a \cdot b > 0 \Rightarrow (a > 0 \wedge b > 0) \vee (a < 0 \wedge b < 0)$"

$$\left(x - \frac{2}{3} > 0 \wedge x - 1 > 0\right) \vee \left(x - \frac{2}{3} < 0 \wedge x - 1 < 0\right)$$

$$\left(x > \frac{2}{3} \wedge x > 1\right) \vee \left(x < \frac{2}{3} \wedge x < 1\right)$$

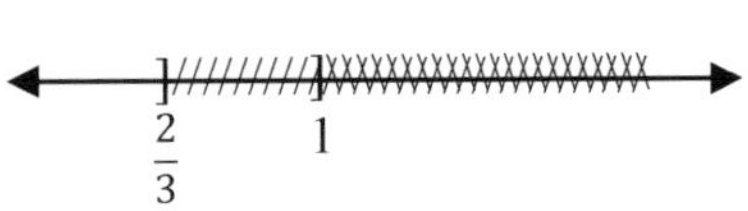

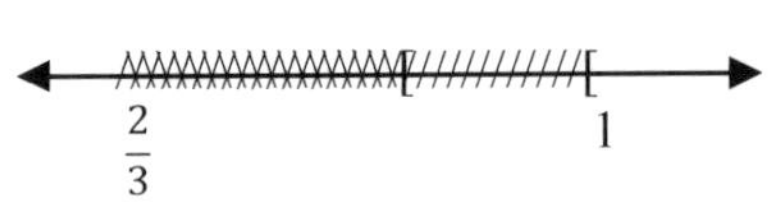

Solución de la inecuación: $\left]-\infty, \frac{2}{3}\right[\ \cup\ ]\,1, +\infty\,[$

También se puede resolver usando tabla de signos.

Tabla de signos

	$-\infty$ ... $\frac{2}{3}$	$\frac{2}{3}$ ... 1	1 ... $+\infty$
$x-\frac{2}{3}$	$-$	$+$	$+$
$x-1$	$-$	$-$	$+$
$\left(x-\frac{2}{3}\right)(x-1)$	$+$	$-$	$+$

Luego se tiene que la solución es: $\left]-\infty,\frac{2}{3}\right[\ \cup\ ]1,+\infty[$

La resolución del ejemplo anterior se redujo a estudiar los signos del producto entre números reales, pues el trinomio cuadrático $3x^2 - 5x + 2$ es factorizable. Es decir, esta es la forma de resolver una inecuación cuadrática en el caso que el trinomio cuadrático sea factorizable.

Ahora surge la pregunta: ¿Cuando un trinomio cuadrático $ax^2 + bx + c$ es factorizable? Para esto es conveniente estudiar el discriminante de la ecuación de segundo grado asociada a la inecuación.

Sea $\Delta = b^2 - 4ac$ (discriminante):

a.) Si $\Delta > 0$ entonces $ax^2 + bx + c = a(x - r_1)(x - r_2)$, donde $r_1, r_2 \in \mathbf{R}$, es decir, en este caso $ax^2 + bx + c$ es factorizable (las soluciones r_1, r_2 de $ax^2 + bx + c = 0$ son reales y distintas).

b.) Si $\Delta = 0$ entonces $ax^2 + bx + c = a(x - r)^2$, $r \in \mathbf{R}$, es decir, en este caso $ax^2 + bx + c$ también es factorizable (las soluciones r de $ax^2 + bx + c = 0$, son reales e iguales)

c.) Si $\Delta < 0$ entonces $ax^2 + bx + c$ no es factorizable en factores de primer grado con coeficientes reales (las soluciones de $ax^2 + bx + c = 0$ no son reales).En este caso el trinomio$ax^2 + bx + c$ es irreductible.

Ejemplo 10: Resolver la inecuación $\dfrac{-2x^2 - 6x + 3}{x^2 - 5x + 4} \geq 1$, $x^2 - 5x + 4 = (x - 4)(x - 1) \neq 0$, es decir, $x \neq 4 \wedge x \neq 1$

Solución:

$$\frac{-2x^2 - 6x + 3}{x^2 - 5x + 4} \geq 1$$ Sumar inverso aditivo de 1

$$\frac{-2x^2 - 6x + 3}{x^2 - 5x + 4} - 1 \geq 0$$ Sumar racionales

$$\frac{-2x^2-6x+3-x^2+5x-4}{x^2-5x+4} \geq 0$$ Reducir términos semejantes

$$\frac{-3x^2-x-1}{x^2-5x+4} \geq 0$$ Multiplicar por (-1)

$$\frac{3x^2+x+1}{x^2-5x+4} \leq 0$$ "Si un **Q** es < 0, (numerador $\geq 0 \wedge$ denominador < 0) o (numerador$\leq 0 \wedge$ denominador > 0)"

En este caso el numerador es siempre positivo para todo número real, por lo tanto se estudia sólo el denominador que debe ser < 0".

$$x^2-5x+4<0$$ Factorizando el trinomio

$$(x-4)(x-1)<0$$

Haciendo, el estudio del trinomio negativo, la solución es:]1, 4[

Ejemplo 11: Resolver la inecuación $\sqrt{x-2}+\sqrt{2-x} < 1$, con $x \geq 2 \wedge x \leq 2$

Solución:

Como $x \geq 2 \wedge x \leq 2$, entonces la solución es $]-\infty, 2] \cap [2, +\infty[= \{2\}$

Ejemplo 12: Resolver $\sqrt{2x} \leq \sqrt{6x-18}$

Solución:

$2x \geq 0 \wedge 6x-18 \geq 0 \Rightarrow x \geq 2 \wedge x \geq 3.\ \therefore x \in [3, +\infty[$

$\sqrt{2x} \leq \sqrt{6x-18}$ Elevando al cuadrado

$2x \leq 6x-18$ Sumando inverso aditivo de 6x

$-4x \leq -18$ Multiplicando el inverso multiplicativo de 4

$x \geq \frac{9}{2}$

La solución de la inecuación es: $[3, +\infty[\cap \left[\frac{9}{2}, +\infty\right[= \left[\frac{9}{2}, +\infty\right[$

Ejemplo 13: Resolver la inecuación $|2x-3| \leq 4$

Solución:

$|2x-3| \leq 4$ Propiedad 4 de valor absoluto.

$-4 \leq 2x-3 \leq 4$ Sumando inverso aditivo de –3

$-4+3 \leq 2x \leq 4+3$ Sumando reales

$2 \leq 2x \leq 7$ Multiplicando por inverso multiplicativo de 2.

$-\frac{1}{2} \leq x \leq \frac{7}{2}$

Solución de la inecuación: $\left[-\frac{1}{2}, \frac{7}{2}\right]$

Resolución gráfica de inecuaciones cuadráticas

Dada la desigualdad $ax^2 + bx + c > 0$, 0 (donde la desigualdad puede ser cualesquiera, <, ≤, >, ≥) se puede encontrar el conjunto solución, considerando la gráfica de la función $y = f(x) = ax^2 + bx + c$. Esta función representa en el plano cartesiano una parábola, que se puede trazar en forma sencilla considerando:

a.) Se abre hacia arriba si $a > 0$ y se abre hacia abajo si $a < 0$.

b.) Tiene como vértice el punto de coordenadas $\left(-\frac{b}{2a}, \frac{4ac - b^2}{4a}\right)$.

c.) Interseca al eje x cuando $y = 0$, es decir, en los puntos correspondientes a las soluciones de la ecuación $ax^2 + bx + c = 0$.

d.) Interseca al eje y cuando $x = 0$, es decir, en el punto de coordenadas$(0, c)$.

Ejemplo 14: Graficar la función $y = x^2 - 5x + 6$

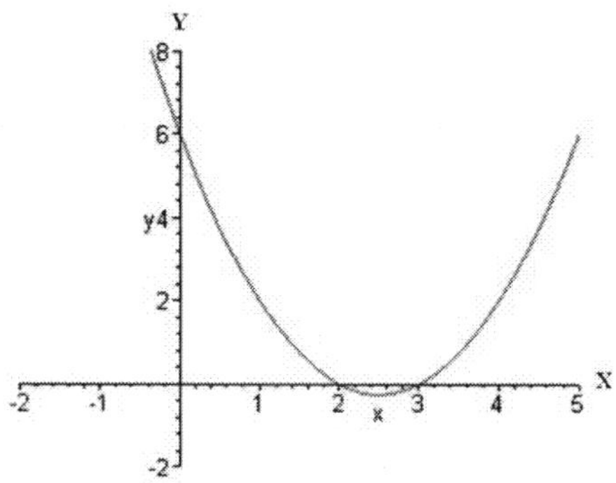

a.) $a = 1 > 0$, se abre hacia arriba.

b.) $V = \left(\frac{5}{2}, -\frac{1}{4}\right)$.

c.) $x^2 - 5x + 6 = 0 \quad \Leftrightarrow x = 3 \vee x = 2$.

d.) Corta al eje y en el punto de coordenadas (0, 6).

Resolver la desigualdad $x^2 - 5x + 6 > 0$,es encontrar los valores de x para los cuales $y > 0$ (puntos del gráfico sobre el eje x) y esto ocurre cuando: $x \in]-\infty, 2[\cup]3, +\infty[$

$\therefore$ La solución a la inecuación planteada es: $]-\infty, 2[\cup]3, +\infty[$

Ejemplo 15: Resolver la desigualdad $x^2 - 3x + 8 < 0$

Solución: Graficando la función $y = x^2 - 3x + 8$

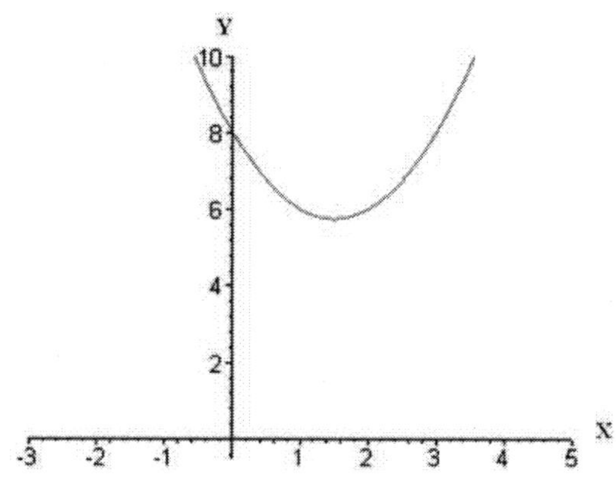

a.) $a = 1 > 0$, se abre hacia arriba.

b.) $V = \left(\frac{3}{2}, \frac{23}{4}\right)$

c.) $\Delta = -23 < 0$, por lo tanto no existe intersección con el eje x.

d.) Corte con el eje y en punto de coordenadas (0, 8)

Se concluye que $y > 0$ para todo $x \in$ IR. Por lo tanto, no existe x que cumpla $x^2 - 3x + 8 < 0$ y así la solución es vacía (ϕ).

Si la desigualdad hubiese sido $x^2 - 3x + 8 > 0$, la solución son todos los reales (**R**)

Ejercicios Propuestos

1.) Determinar el signo de los siguientes números reales, si $x < 0$ e $y > 0$:

a.) x^2y b.) xy^2 c.) $\frac{x}{y} + x$ d.) $y - x$ e.) $\frac{x - y}{xy}$

2.) Expresar el enunciado en términos de desigualdad:

a.) –8 es menor que –5 b.) 2 es mayor que 1,9 c.) 0 es mayor que –1

d.) $\sqrt{2}$ es menor que π e.) x es negativo f.) y es positivo

g.) b está entre $\frac{1}{10}$ y $\frac{1}{3}$ h.) b es mayor o igual que 2 i.) d es no negativo

j.) x es menor o igual que –5 k.) c no es mayor que 1

3.) Escribir los números, sin hacer uso del símbolo de valor absoluto:

a.) $|4 - 9| =$ b.) $|-4| - |-9| =$ c.) $|4| + |-9| =$ d.) $|8 - 5| =$

e.) $-5 + |-7| =$ f.) $(-2)\,|-2| =$ g.) $|x^2 + 1| =$ h.) $|-4 + x^2| =$

i.) $|a - b| =$ con $a < b$

4.) Reemplazar el signo □ por el signo = o ≠ para todos los números reales a, b, c, para los que las expresiones están definidas. Justifique sus respuestas:

a.) $\frac{ab + ac}{a} \;\square\; b + ac$ b.) $\frac{ab + ac}{a} \;\square\; b + c$ c.) $\frac{b + c}{a} \;\square\; \frac{b}{a} + \frac{c}{a}$

d.) $\frac{a}{b+c} \;\square\; \frac{a}{b} + \frac{a}{c}$ e.) $(a : b) : c \;\square\; a : (b : c)$ f.) $(a - b) - c \;\square\; a - (b - c)$

g.) $(a\,b)^{-1} \;\square\; a^{-1}\,b^{-1}$ h.) $(a - b)^{-1} \;\square\; a^{-1} - b^{-1}$ i.) $\frac{a - b}{b - a} \;\square\; -1$

j.) $-(a + b) \;\square\; -a + b$

5.) Demostrar las siguientes propiedades para todos los números reales a, b, c:

a.) $a = -a \Leftrightarrow a = 0$ b.) $a \cdot 0 = 0$ c.) Si $ab = 0 \Rightarrow a = 0$ o $b = 0$

d.) Si $a + b = 0 \Rightarrow b = -a$ e.) $\left(\frac{a}{b}\right)^{-1} = \frac{b}{a}$, si $a, b \neq 0$ f.) $|a| \geq 0$

g.) $|a \cdot b| = |a| \cdot |b|$ $\left[\text{Sugerencia}: |a \cdot b| = \sqrt{(a \cdot b)^2} = \sqrt{a^2} \cdot \sqrt{b^2}, \text{ y aplicar } |a| = \sqrt{a^2}\right]$

h.) $\left|\frac{a}{b}\right| = \frac{|a|}{|b|}$, si $b \neq 0$

6.) Factorizar y Simplificar las siguientes expresiones:

a.) $\dfrac{6x^2+7x-10}{6x^2+13x-15}$ b.) $\dfrac{x^3-8}{x^2-4}:\dfrac{x}{x+8}$ c.) $\dfrac{2}{3x+1}-\dfrac{9}{(3x+1)^2}$

d.) $\dfrac{\dfrac{1}{(x+h)^3}-\dfrac{1}{x^3}}{h}$ e.) $\dfrac{8}{x}+\dfrac{3}{2x-4}+\dfrac{7x}{x^2-4}$ f.) $\dfrac{6y-5y^2}{25y^2-36}$

g.) $\dfrac{\sqrt[3]{x}-16}{\sqrt[4]{x}-8}$

7.) Racionalizar los denominadores:

a.) $\dfrac{\sqrt{a}}{\sqrt{a}-\sqrt{b}}$ b.) $\dfrac{1}{\sqrt{c}+d}$ c.) $\dfrac{\sqrt[4]{t}-4}{\sqrt{t}+2}$ d.) $\dfrac{4}{3-\sqrt{w}}$

8.) Resolver las siguientes ecuaciones:

a.) $(3x-7)^2-5(2x+1)(x-2)=-x^2-(-(3x+1))$

b.) $(x+1)(x+2)(x-3)=(x-2)(x+1)(x+1)$

c.) $3(x+1)^2-(x+5)=3(x+1)^2(x-1)+3$

d.) $(x+1)(x+2)(x-3)=(x-2)(x+1)$

e.) $\dfrac{2}{4x-1}=\dfrac{3}{4x+1}$ f.) $\dfrac{5}{x^2-1}=\dfrac{1}{x-1}$

g.) $\dfrac{5x-1}{x+1}=0$ h.) $\dfrac{5x+8}{3x+4}=\dfrac{5x+2}{3x-4}$

i.) $\dfrac{x-3}{x-4}-\dfrac{x-2}{x-3}=\dfrac{x+2}{x+1}-\dfrac{x+3}{x+2}$ j.) $\dfrac{5}{1+x}-\dfrac{3}{1-x}-\dfrac{6}{1-x^2}=0$

k.) $2\left(\dfrac{x+2}{x-2}-3\left(\dfrac{x-2}{2x+3}\right)=\dfrac{x^2+8}{2x^2-x-6}\right)$ l.) $\dfrac{3}{2}(4x-3)=2(x-(4x-3))$

m.) $x+\sqrt{4x+1}=5$ n.) $\sqrt{2x-1}+\sqrt{x+3}=3$

o.) $\sqrt{x}+\dfrac{4}{\sqrt{x}}=5$ p.) $\sqrt{x\sqrt{x+8}}=2\sqrt{x}$

q.) $\sqrt{2x+\sqrt{4x-3}=3}$ r.) $\sqrt{3x+1}-\sqrt{x+4}=1$

9.) Resolver los siguientes sistemas de ecuaciones

a.) $\begin{cases} 8x-5y &= 7y-9 \\ 6x &= 3y+6 \end{cases}$ b.) $\begin{cases} 3(x+2) &= 2y \\ 2(y+5) &= 7x \end{cases}$ c.) $\begin{cases} \dfrac{5x}{12}-y &= 9 \\ x-\dfrac{3y}{4} &= 15 \end{cases}$

10.) Resolver las siguientes inecuaciones:

a.) $10 - 7x < 4 + 2x$

b.) $\frac{6}{10x+3} < 0$

c.) $(3x - 1)(10x + 4) \geq (6x - 5)(5x - 7)$

d.) $-\frac{1}{2} < \frac{2x+3}{5} < \frac{3}{2}$

e.) $\frac{3}{2x+3} < \frac{1}{x-2}$

f.) $\frac{x+1}{x^2 - 25} \leq 0$

g.) $10x^2 + 11x > 6$

h.) $x(x - 3) \leq 10$

i.) $x^2 - 4x + 4 > 0$

j.) $(x^2 - x)(x^2 - 5x + 6) < 0$

k.) $|4x + 7| < 21$

l.) $|16 - 3x| \geq 5$

m.) $2 < |x - 6| < 4$

11.) Despejar la variable indicada en términos de las otras variables en cada ejercicio:

a.) $s = \pi (r + R) s$ para R

b.) $V = \frac{4}{3}\pi r^3$ para r

c.) $s = 2(ab + bc + ac)$ para a

d.) $V = \frac{1}{3}\pi h (R_1^2 + R_2^2 + R_1 R_2)$ para R_1

e.) $n = \frac{\pi P R^4}{8VL}$ para R

f.) $\frac{1}{R} = (n-1)\left(\frac{1}{R_1} + \frac{1}{R_2}\right)$ para R_2

UNIDAD II

NÚMEROS COMPLEJOS

Existen ecuaciones de segundo grado que no tienen solución en **R**. Un ejemplo de esta afirmación es la ecuación $x^2 + 4 = 0$; la cual no tiene solución en **R** porque $x^2 \geq 0\ \forall\ x \in \mathbf{R}$, luego $x^2 + 4 \geq 0$. También se puede decir que si $x^2 = -4$, entonces $x^2 = -4$, y no existe ningún número real elevado al cuadrado sea igual a – 4.

Para dar solución a este tipo de ecuaciones se estudiará un nuevo conjunto de números, el **conjunto de los Números Complejos**, que es una extensión de los números reales y será denotado por **C**. Toda ecuación cuadrática tiene solución en este conjunto.

Definición: Los números complejos es un conjunto de pares ordenados de números reales.

$$\mathbf{C} = \{(a, b) / a \in \mathbf{R} \wedge b \in \mathbf{R}\}$$

Si $(a, b) \in \mathbf{C}$, entonces a, se llama parte real y b, se llama parte imaginaria.

Ejemplo 1: $(2, -7)$; $\left(-\sqrt{3}, \dfrac{5}{2}\right)$; $(0, 0)$; $(-10, -23)$ son números complejos.

Definición: Dos números complejos son iguales si y sólo si las partes reales son iguales y las partes imaginarias son iguales.

$$\text{Sean } (a, b) \text{ y } (c, d) \in \mathbf{C}: (a, b) = (c, d) \Leftrightarrow a = c \wedge b = d$$

Ejemplo 2: $(2, 5) = \left(\sqrt{4}, 4+1\right)$ porque $2 = \sqrt{4} \ \wedge\ 5 = 4+1$

Operaciones en los Números Complejos

Suma de números complejos:

La suma de dos números complejos es otro complejo, cuya parte real es la suma de las partes reales y la parte imaginaria es la suma de las partes imaginarias de los complejos dados.

$$\text{Si } (a, b) \text{ y } (c, d) \in \mathbf{C}, \text{ entonces } (a, b) + (c, d) = (a + c, b + d)$$

Ejemplo 3: $(-5, 6) + (8, -4) = (-5 + 8, 6 + -4) = (3, 2)$

Propiedades de la suma o adición de complejos

Asociatividad : $\forall\ (a, b), (c, d), (e, f) \in C$ se tiene:
$(a, b) + [(c, d) + (e, f)] = [(a, b) + (c, d)] + (e, f)$

Existencia del neutro aditivo : $\forall$ (a, b) $\in$ C, $\exists!$ (0, 0) $\in$ C tal que:
(a, b) + (0, 0) = (0, 0) + (a, b) = (a, b)

Demostración : (a, b) + (0, 0) — Def. de suma de complejos
(a + 0, b + 0) — Neutro aditivo en R
(a, b)

Existencia del inverso aditivo : $\forall$ (a, b) $\in$ C, $\exists!$ (– a, – b) $\in$ C tal que:
(a, b) + (– a, – b) = (0, 0)

Nota:
El opuesto del complejo – (a, b) es igual al complejo (– a, – b), es decir, – (a, b) = (– a, – b)

Conmutatividad : $\forall$ (a, b), (c, d) $\in$ C se tiene:
(a, b) + (c, d) = (c, d) + (a, b)

Demostración : (a, b) + (c, d) = (c, d) + (a, b)
(a + c, b + d) = (c + a, d + b) — Conmutatividad en R
(a + c, b + d) = (a + c, b + d)

Resta de números complejos:

Definición: Si (a, b) y (c, d) $\in$**C**, entonces (a, b) – (c, d) = (a, b) + [– (c, d)]
(a, b) – (c, d) = (a – c, b – d)

Demostración : (a, b) – (c, d) = (a, b) + [– (c, d)]
= (a, b) + (– c, – d)
= (a + (– c), b + (– d))
= (a – c, b – d)

Ejemplo 4: (4, 7) – (5, 3) = (4 – 5, 7 – 3) = (–1, 4)

Multiplicación de números complejos:

Definición: Si (a, b) y (c, d) $\in$ **C**, entonces (a, b) $\cdot$ (c, d) = (a $\cdot$ c – b $\cdot$ d, a $\cdot$ d + b $\cdot$ c)

Ejemplo 5: (2, 6) $\cdot$ (3, 4) = (2 $\cdot$ 3 – 6 $\cdot$ 4, 2 $\cdot$ 4 + 6 $\cdot$ 3) = (6 – 24, 8 + 18) = (– 18, 36)

Propiedades de la multiplicación de complejos

Asociatividad : $\forall$ (a, b) y (c, d) $\in$ C tal que
[(a, b) $\cdot$ (c, d)] $\cdot$ (e, f) = (a, b) $\cdot$ [(c, d) $\cdot$ (e, f)]

Existencia de elemento neutro : $\forall$ (a, b) $\in$ **C** $\exists!$ (1, 0) $\in$ **C** tal que
(a, b) · (1, 0) = (1, 0) · (a, b) = (a, b)

Existencia de elemento inverso : $\forall$ (a, b) $\neq$ (0, 0) $\in$ **C** $\exists!$ (e, f) complejo tal que
(a, b) · (e, f) = (e, f) · (a, b) = (1, 0)

Conmutatividad : $\forall$ (a, b) y (c, d) $\in$ **C**: (a, b) · (c, d) = (c, d) · (a, b)

¿Cuál es el inverso multiplicativo del complejo (a, b) $\neq$ (0, 0)?

Según la propiedad de inverso multiplicativo $\exists!$ (e, f) complejo tal que (a, b) · (e, f) = (1, 0)
Se determinará **e** y **f** en términos de **a** y **b**

$(a \cdot e - b \cdot f,\ a \cdot f + b \cdot e) = (1, 0)$	Definición de multiplicación de complejos
$a \cdot e - b \cdot f = 1$ $a \cdot f + b \cdot e = 0$	Aplicando la igualdad de complejos
$\begin{array}{l} a \cdot e - b \cdot f = 1 \\ b \cdot e + a \cdot f = 0 \end{array}$	Resolviendo el sist. de ecs. con incógnitas e y f
$\begin{array}{l} a^2 \cdot e - a \cdot b \cdot f = a \\ b^2 \cdot e + a \cdot b \cdot f = 0 \end{array}$	Mult. la primera ec. por a y la segunda por b
$a^2 e + b^2 e = a$	Sumando miembro a miembro
$e\,(a^2 + b^2) = a$	Factorizando por e
$e = \dfrac{a}{a^2 + b^2}$	Mult. por el inverso multiplic. de $a^2 + b^2$ en **R**

Entonces $e = \dfrac{a}{a^2 + b^2}$ es la parte real del inverso multiplicativo del complejo (e, f)

Para encontrar la parte imaginaria del complejo (e, f), se toma nuevamente el sistema inicial y se multiplica la primera ecuación por – b y la segunda por a, y se obtiene:

$f = \dfrac{-b}{a^2 + b^2}$, parte imaginaria del inverso multiplicativo del complejo (e, f)

Por lo tanto el inverso multiplicativo del complejo (a, b) $\neq$ (0, 0) es el complejo

$\left(\dfrac{a}{a^2 + b^2}, \dfrac{-b}{a^2 + b^2}\right)$, es decir, (a, b) · $\left(\dfrac{a}{a^2 + b^2}, \dfrac{-b}{a^2 + b^2}\right)$ = (1, 0)

El inverso multiplicativo de (a, b) $\neq$ (0, 0) se denota $(a, b)^{-1} = \left(\dfrac{a}{a^2 + b^2}, \dfrac{-b}{a^2 + b^2}\right)$

<u>División de números complejos:</u>

<u>Definición:</u>

Si (a, b) $\in$ **C** $\wedge$ (c, d) $\neq$ (0, 0) $\in$ **C**, entonces (a, b) : (c, d) = $\dfrac{(a,b)}{(c,d)}$ = (a, b) $\cdot$ (c, d)$^{-1}$

Ejemplo 6: (3, 4): (2, 1) = $(3, 4) : (2,1)^{-1} = (3, 4) \cdot \left(\dfrac{2}{2^2+1^2}, \dfrac{-1}{2^2+1^2}\right) =$

$$\left(\frac{3\cdot 2}{4+1} - \frac{4\cdot(-1)}{4+1}, \frac{3\cdot(-1)}{4+1} + \frac{4\cdot 2}{4+1}\right) = \left(\frac{6}{5} - \frac{-4}{5}, \frac{-3}{5} + \frac{8}{5}\right) =$$

$$\left(\frac{10}{5}, \frac{5}{5}\right) = (2, 1)$$

<u>Definición conjugado de un número complejo</u>

Conjugado de un complejo es otro complejo cuya parte real es la misma del complejo dado y su parte imaginaria es el opuesto o inverso aditivo del complejo dado, es decir el conjugado del complejo (a, b) es (a, – b).

Ejemplo 7:

a.) Conjugado de (– 3, 5) es (– 3, – 5)

b.) Conjugado de $\left(\dfrac{1}{2}, -\dfrac{7}{4}\right)$ es $\left(\dfrac{1}{2}, \dfrac{7}{4}\right)$

En general para todo número real, existe una función

$$f: \mathbf{R} \to \mathbf{C} \text{ tal que } f(a) = (a, 0)$$

f es una función inyectiva (1 a 1) la cual posee las siguientes propiedades:

$$f(a + b) = f(a) + f(b)$$
$$f(a \cdot b) = f(a) \cdot f(b)$$

Esta función permite identificar al real a y al complejo (a, 0) como a = (a, 0)

Ejemplo 8:

a.) 3 = (3, 0)

b.) 3 $\cdot$ (2, 7) = (3, 0) $\cdot$ (2, 7) = (3 $\cdot$ 2 – 0 $\cdot$ 7, 3 $\cdot$ 7 + 0 $\cdot$ 7) = (6, 21)

Proposición: $\alpha \cdot (a, b) = (\alpha \cdot a, \alpha \cdot b)$

Demostración:

$$\begin{aligned} \alpha \cdot (a, b) &= (\alpha, 0) \cdot (a, b) \\ &= (\alpha \cdot a - 0 \cdot a, \alpha \cdot b + 0 \cdot b) \\ &= (\alpha \cdot a - 0, \alpha \cdot b + 0) \\ &= (\alpha \cdot a, \alpha \cdot b) \end{aligned}$$

$$\therefore \alpha \cdot (a, b) = (\alpha \cdot a, \alpha \cdot b)$$

Definición: Unidad imaginaria
El complejo (0, 1) se llama "unidad imaginaria" y se escribe **i**, por lo tanto, **i** = (0, 1)

Propiedad: $i^2 = -1$

Demostración :
$$\begin{aligned} i^2 &= [(0, 1)]^2 \\ &= (0, 1) \cdot (0, 1) \\ &= (0 \cdot 0 - 1 \cdot 1, 0 \cdot 1 + 1 \cdot 0) \\ &= (0 - 1, 0 + 0) \\ &= (-1, 0) \\ &= -1 \end{aligned}$$

Forma standard de un número complejo

Proposición: La forma estándar de un número complejo (a, b) es a + bi
Demostración :
$$\begin{aligned} (a, b) &= (a, 0) + (0, b) \\ &= (a, 0) + [(b, 0) \cdot (0, 1)] \\ &= (a, 0) + bi \\ &= a + bi \end{aligned}$$
Por lo tanto, el (a, b) = a + bi

Ejemplo 9: (3, 2) = 3 + 2i

El conjunto de los números complejos también pueden definirse como:

$$C = \{(a + bi) / a \in \mathbf{R} \wedge b \in \mathbf{R}\}$$

Las operaciones de números complejos vistas anteriormente como pares ordenados, también se pueden operar complejos en forma standard.

1. Igualdad de complejos $a + bi = c + di \Leftrightarrow a = b \wedge c = d$

2. Suma de complejos $(a + bi) + (c + di) = (a + c) + (b + d)i$

3. El inverso aditivo del complejo $(a + bi)$ es $-(a + bi) = -a - bi$

4. Resta de complejos
$$\begin{aligned} (a + bi) - (c + di) &= (a + bi) + -(c + di) \\ &= (a + bi) + (-c - di) \\ &= (a - c) + (b - d)i \end{aligned}$$

5. Multiplicación de complejos $(a + bi) \cdot (c + di) = (a \cdot c - b \cdot d) + (a \cdot d + b \cdot c)i$

   Nota:

Para multiplicar complejos en forma standard se multiplican igual que multiplicar binomios en **R**.

6. Inverso multiplicativo del complejo (a + bi) es (a + bi) –1

$$\frac{a}{a^2+b^2}+\frac{-b}{a^2+b^2}i,\ \text{con } a^2+b^2\neq 0$$

7. División de complejos (a + bi) : (c + di)

$$\frac{a+bi}{c+di}=\frac{a\cdot c+b\cdot d}{c^2+d^2}+\frac{b\cdot c-a\cdot d}{c^2+d^2}i,$$

con $c + di \neq 0$ y $c^2 + d^2 \neq 0$

Nota:
Para dividir complejos escritos en forma estándar se amplifica el numerador y el denominador por el conjugado del denominador.

8. Conjugado del complejo (a + bi) es (a – bi)

Ejemplo 10:

$$\frac{(3+4i)}{(2+i)}=$$

$$\frac{(3+4i)\cdot(2-i)}{(2+i)\cdot(2-i)}=\frac{6-3i+8i-4i^2}{4-i^2}=\frac{6+5i-4(-1)}{4-(-1)}=\frac{10+5i}{5}=\frac{10}{5}+\frac{5i}{5}=2+i$$

<u>**Notación**</u>: si z es un complejo, entonces $\overline{z}$ es su conjugado.

Ejemplo 11: Si $z = a + bi \Rightarrow \overline{z} = a - bi$

<u>Propiedades del conjugado de complejos</u>

1. El conjugado de una suma es igual al conjugado de los sumandos: $\overline{z+w}=\overline{z}+\overline{w}$

   Demostración : Sea $z = a + bi$ y $w = c + di \Rightarrow$

   $$z + w = a + c + (b + d)i$$
   $$\overline{z+w} = a+c-(b+d)i$$
   $$= a+c-bi-di$$
   $$= a-bi+c-di$$
   $$= \overline{z}+\overline{w}$$

2. El conjugado de un producto es igual al producto de los conjugados: $\overline{z\cdot w}=\overline{z}\cdot\overline{w}$

3. El conjugado del conjugado es igual al complejo: $\overline{\overline{z}} = z$

   Demostración: Sea $z = a + bi \Rightarrow \overline{z} = a - bi \Rightarrow \overline{\overline{z}} = a + bi$

Por lo tanto $\overline{\overline{z}} = z$

4. El conjugado de un cuociente es igual al cuociente de los conjugados: $\overline{z : w} = \overline{z} : \overline{w}$

5. La suma de un complejo por su conjugado es un número real.

6. El producto de un complejo y su conjugado es un número real.

Definición de módulo o valor absoluto de un complejo

Dado $z = a + bi$ complejo, se define el módulo o valor absoluto del complejo z como el número real $|z| = \sqrt{z \cdot \overline{z}} = \sqrt{a^2 + b^2}$

Ejemplo 12: Si $z = 2 + 5i$, el módulo de z es:

$\sqrt{(2+5i) \cdot (2-5i)} = \sqrt{2^2 - (5i)^2} = \sqrt{4 - 25i^2} = \sqrt{4 - 25 \cdot (-1)} = \sqrt{4 + 25} = \sqrt{29}$

Propiedades de módulo de complejos

1. El módulo de un complejo es siempre mayor o igual a cero: $|z| \geq 0$

   Demostración : Sea $z = a + bi$

   $|z| = \sqrt{z \cdot \overline{z}} = \sqrt{(a+bi) \cdot (a-bi)} = \sqrt{a^2+b^2} \geq 0$

2. El módulo de un complejo es igual al módulo de su conjugado e igual al módulo del inverso aditivo del complejo: $|z| = |\overline{z}| = |-z|$

3. El módulo de un producto es igual al producto de los módulos: $|z \cdot w| = |z| \cdot |w|$

   Demostración:

   $|z \cdot w| = \sqrt{(z \cdot w) \cdot (\overline{z \cdot w})} = \sqrt{(z \cdot w) \cdot (\overline{z} \cdot \overline{w})} = \sqrt{(z \cdot \overline{z}) \cdot (w \cdot \overline{w})} = \sqrt{z \cdot \overline{z}} \cdot \sqrt{w \cdot \overline{w}} = |z| \cdot |w|$

4. El módulo de un cuociente es igual al cuociente de los módulos: $\left|\frac{z}{w}\right| = \frac{|z|}{|w|}$

5. El módulo de la suma de complejos es menor o igual a la suma de los módulos de los complejos: $|z+w| \leq |z|+|w|$

Ejercicios Propuestos

1.) Dados los siguientes números complejos:

$z_1 = 3 - 3i$ $\quad z_2 = -4 + 4\sqrt{3}i$ $\quad z_3 = \frac{1}{2} - 3i$

Realice las siguientes operaciones con ellos, indicando por separado la parte real y la parte imaginaria del resultado.

a.) $z_1 + z_2$ b.) $z_1 - z_2$ c.) $z_1 z_2$

d.) $\frac{z_1}{z_2}$ e.) $z_1 + z_3$ f.) $z_1 z_3 + z_2$

g.) $z_1^{\,4}$ h.) $z_3^{\,5}$ i.) $\frac{z_1 z_2}{z_3}$

2.) Comprueba si el complejo $2 - i$ es una solución de la ecuación $x^2 - 2x - 1 = 0$ sin necesidad de resolver la ecuación

3.) Determina el valor de "a" para que el complejo $\frac{a + 6i}{2 - i}$ sea:

a.) Un número real. [Un número complejo es real $\Leftrightarrow$ si su parte imaginaria es cero]
b.) Un imaginario. [Un número complejo es imaginario $\Leftrightarrow$ si su parte real es cero]
c.) Esté situado en la bisectriz del segundo cuadrante

4.) Resuelva las ecuaciones:

a.) $(-2 + i)z = 3 + i$ b.) $(2 + i)(1 + i) = 2 + zi$

5.) Realizar las siguientes operaciones con números complejos en forma binaria y representa gráficamente el resultado.

a.) $\left(\frac{5}{4} + 2i\right) \cdot (-1 + 4i)$ b.) $\frac{3 - 4i}{5 + 2i}$

6.) Realice las siguientes operaciones primero en forma standard y luego como par ordenado, y compruebe que los resultados coinciden.

a.) $(-2 - 2i) \cdot (2 - 2\sqrt{2}i)$ b.) $\frac{-10 - \frac{3}{4}i}{3 - \sqrt{2}i}$ c.) $\left(-\sqrt{2} + \sqrt{2}i\right)^3$

7.) Realiza las siguientes operaciones combinadas con números complejos.

a.) $\left[\left[(4 - 3i) - \left(3 - \left(3 + \sqrt{3}\right)i\right)\right] \cdot 5[3 - 4i]\right]^2$

b.) $$\frac{\left(1 + \sqrt{3}i\right)^2 - 4i \cdot \left(3 + \frac{2}{3}i\right)}{-3 + 3i}$$

UNIDAD III

POLINOMIOS

Definición : Una función polinomio P en $\mathbb{C}$ está definida por:

$$P(x) = a_0 x^n + a_1 x^{n-1} + \cdots + a_{n-1}x + a_n \qquad n \in Z^+ \cup \{0\}$$

Los coeficientes a_n son complejos, Dom P(x): $\mathbb{C}$ y Rec P(x): $\mathbb{C}$

Grado del polinomio P(x) es n tal que $n \neq 0$
Si $n = 0$, $P(x) = a_n$ es un Polinomio constante
Si $a_n = 0$, $P(x) = 0$ es un Polinomio cero.

Si $c \in$ al dominio de P(x), el valor de $P(c) = a_0 c^n + a_1 c^{n-1} + \cdots + a_{n-1}c + a_n$

Ejemplo 1: Determine el valor del polinomio $P(x) = x^3 - 2x^2 + x - 1$, para $-1, \sqrt{2}, 0$
Solución: Si $x = -1$, $P(-1) = -1 - 2 - 1 = -5$
Si $x = \sqrt{2}$, $P(\sqrt{2}) = 2\sqrt{2} - 4 + \sqrt{2} - 1 = 3\sqrt{2} - 5$
Si $x = 0$, $P(0) = 0 - 0 + 0 - 1 = -1$

Propiedades de los Polinomios

Definición : Sea P(x) un polinomio, los ceros del polinomio (o raíces) son los valores de x para los cuales $P(x) = 0$

Ejemplo 2: $P(x) = -\frac{1}{2}x^2 + 4$

Solución: Los ceros del polinomio son los valores de x para los cuales $P(x) = 0 \Rightarrow -\frac{1}{2}x^2 + 4 = 0$, esto es una ecuación de segundo grado, al resolverla se obtienen de los ceros del polinomio, en otras palabras los ceros de un polinomio son las soluciones de la ecuación asociada.

$$-\frac{1}{2}x^2 + 4 = 0 \Rightarrow x_1 = 2\sqrt{2} \qquad x_2 = -2\sqrt{2}$$

Encontrar los ceros de un polinomio ayuda a bosquejar la gráfica del polinomio.

Puntos donde la gráfica interseca al eje x son $(2\sqrt{2}, 0)$ y $(-2\sqrt{2}, 0)$

En el polinomio cuadrático el coeficiente de x^2 es negativo, por lo tanto, la gráfica es cóncava hacia abajo. El punto donde la gráfica interseca al eje y son los puntos donde el valor de la abscisa es 0.

$$P(x) = -\frac{1}{2}x^2 + 4 \Rightarrow P(x) = 0 + 4 = 4$$

El punto de intersección de la gráfica y el eje de las ordenadas (Y) es el punto de coordenadas (0, 4).

Tabla de valores del polinomio $P(x) = -\frac{1}{2}x^2 + 4$

x	– 4	–3	–2	–1	0	1	2	3	4
P(x)	–4	$-\frac{1}{2}$	2	$\frac{7}{2}$	4	$\frac{7}{2}$	2	$-\frac{1}{2}$	–4

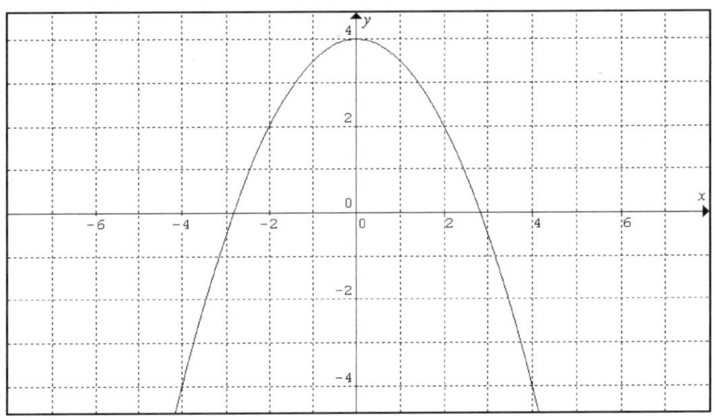

Ejemplo 3: $P(x) = x^3 + x^2 - 6x$

Solución: Ceros del polinomio: $P(x) = 0 \Rightarrow x^3 + x^2 - 6x = 0$

$$\Rightarrow x(x^2 + x - 6) = 0$$

$$\Rightarrow x = 0 \ \vee \ x^2 + x - 6 = 0 \Rightarrow \begin{cases} x = 0 \\ x = -3 \\ x = 2 \end{cases}$$

Puntos de intersección de la gráfica con el eje de las abscisas (X) son los puntos de coordenadas (0, 0); (– 3, 0) y (2, 0).

El punto donde la gráfica interseca al eje de las ordenadas (Y) es aquel de coordenadas (0,0) porque para encontrar las coordenadas de ese punto, la abscisa (x) se hace igual a 0, por lo tanto, si x = 0, entonces P (x) = 0.

$P(-4) = 64 + 16 - 24 = 56$ $P(0) = 0 + 0 + 0 = 0$ $P(1) = 1 + 1 - 6 = -4$

$P(-3) = -27 + 9 + 18 = 0$ $P(2) = 8 + 4 - 12 = 0$

$P(-2) = -8 + 4 + 12 = 8$ $P(3) = 27 + 9 - 18 = 18$

$P(-1) = -1 + 1 + 6 = 6$ $P(4) = 64 + 16 - 24 = 56$

x	–4	–3	–2	–1	0	1	2	3	4
P(x)	24	0	8	6	0	–4	0	18	56

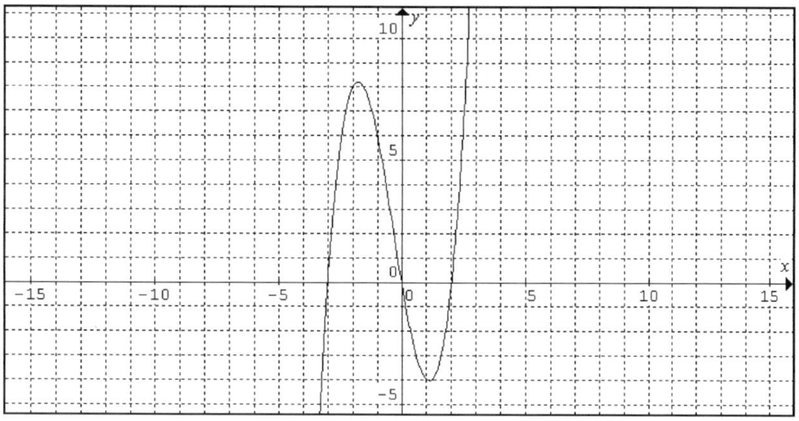

División de Polinomios

Algoritmo de la división para enteros.
Si $a, b \in Z$, $b \neq 0 \Rightarrow \exists\ q, r \in Z$ tal que $a = b \cdot q + r$, donde $0 \leq r < |q|$
q: cuociente r: resto o residuo

$$a : b = q \Rightarrow a = b \cdot q + r$$

Ejemplo 4: Si se desea dividir 4126 por 23 realizamos

```
 41'26 : 23 = 179
– 23
  18 2
–161
  216
  207
    9
```

Cuociente 179
Resto 9
Por el algoritmo de la división, se tiene:
$4126 = 23 \cdot 179 + 9$

Propiedades de la División

En la discusión siguiente se usarán los símbolos **P(x)** y **D(x)**, para representar los polinomios en **x**. Si un polinomio D(x) es un factor de un polinomio P(x), se dice entonces que P(x) es divisible entre D(x).

Ejemplo 5:

- El polinomio $\mathbf{x^4 - 16}$ es divisible entre $\mathbf{x^2 - 4}$, entre $\mathbf{x^2 + 4}$, entre $\mathbf{x + 2}$, y entre $\mathbf{x - 2}$.
- Pero $x^2 + 3x + 1$ no es un factor de $x^4 - 16$.

Solución:

Mediante la división de polinomios se puede escribir:

$$
\begin{array}{llllll}
x^4 & & & & -16 & : \; x^2 + 3x + 1 = \; x^2 - 3x + 8 \\
\underline{x^4 + 3x^3 + x^2} & & & & & \\
& -3x^3 - x^2 & & & & \\
& \underline{-3x^3 - 9x^2 - 3x} & & & & \\
& & 8x^2 + 3x & & -16 & \\
& & \underline{8x^2 + 24x} & & \underline{-8} & \\
& & & -21x & \boxed{-24} &
\end{array}
$$

El polinomio $x^2 - 3x + 8$ es el **<u>cuociente</u>** y $-21x - 24$ es el **<u>residuo o resto.</u>**

Nótese que el procedimiento de la división de polinomios termina en cuanto se llega a un polinomio (el resto) que es 0 o su grado es menor en 1 que el del divisor. El resultado se puede expresar como:

$$\frac{x^4 - 16}{x^2 + 3x + 1} = (x^2 - 3x + 8) + \frac{-21x - 24}{x^2 + 3x + 1}$$

y al multiplicar por $x^2 + 3x + 1$ en ambos miembros:

$$\underbrace{x^4 - 16}_{\text{Dividendo}} = \underbrace{(x^2 + 3x + 1)}_{\text{Divisor}} \; \underbrace{(x^2 - 3x + 8)}_{\text{Cuociente}} + \underbrace{(-21x - 24)}_{\text{Resto}}$$

<u>Algoritmo de la División para Polinomios</u>

Si $P(x)$ y $D(x)$ son polinomios y si $D(x) \neq 0$, entonces existen polinomios únicos $Q(x)$ y $R(x)$ tales que:

$$P(x) = D(x) \cdot Q(x) + R(x)$$

En donde $R(x) = 0$ o bien el grado de $R(x)$ es menor que el de $D(x)$.

El polinomio $Q(x)$ se llama cuociente y $R(x)$ se llama resto o residuo de la división de $P(x)$ entre $D(x)$.

Un caso especial interesante ocurre cuando se divide $P(x)$ entre un polinomio lineal de la forma $x - c$, en donde c es un número real.

<u>Teorema del Resto</u>

Si un polinomio $P(x)$ es divisible entre $x - c$, entonces el resto es $P(c)$.

Demostración:

Si $x - c$ es un factor de $P(x)$, se tiene: $P(x) = (x - c) \cdot Q(x)$

Para algún polinomio Q(x); el resto R(x) es 0.

x – c no es un factor de P (x), entonces el grado del resto R(x) es menor que el grado el divisor x – c, y R(x) debe ser de grado 0, es decir, es un número real distinto de cero.

Para cualquier caso se tiene: $P(x) = (x - c) \cdot Q(x) + k$, donde $k \in \mathbf{R}$.

En $P(x) = (x - c) \cdot Q(x) + k$ se sustituye x por c, se obtiene: $\mathbf{P(c) = (c - c) \cdot Q(c) + k}$

Por lo tanto **P(c) = k.**

Teorema del Factor

Un polinomio P(x) tiene un factor x – c, si y sólo si P(c) = 0

Demostración

Por el teorema del resto $P(x) = (x - c)\, Q(x) + P(c)$, para algún cuociente Q(x).

Si P(c) = 0, entonces $P(x) = (x - c)\, Q(x)$; esto es, x – c es un factor de P(x).

Recíprocamente, si x – c es un factor del polinomio entonces el resto resultante al dividir P(x) por x – c debe ser 0, y por lo tanto, por el teorema del resto, debe ser P(c) = 0.

Para aplicar el teorema del resto es necesario dividir entre x – c al polinomio dado. Para simplificar el trabajo se puede emplear un método conocido como División Sintética o Método de Ruffini.

División Sintética

Dividir el polinomio $a_0 x^n + a_1 x^{n-1} + a_2 x^{n-2} + \ldots + a_{n-1} x + a_n$ entre x – c

1. Se comienza copiando los coeficientes del polinomio dado y poniendo ceros en los lugares en los que no hay coeficientes:

a_0	a_1	a_2	$\ldots$	a_{n-1}	a_n	c
a_0						

2. Multiplíquese a_0 por c y colóquese el producto $c \cdot a_0$ debajo de a_1 como lo indica la flecha en el esquema siguiente. En seguida se efectúa la suma $b = a_1 + ca_0$ y se coloca debajo de la línea, como se muestra.

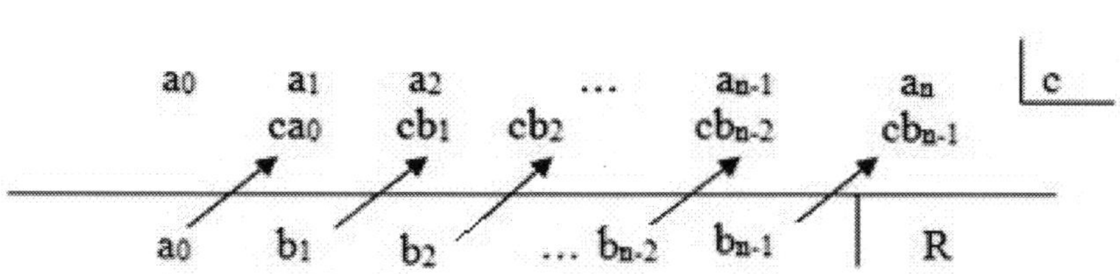

3. Los números a_0, b_1, b_2, … , b_{n-2}, b_{n-1} son los coeficientes del cuociente Q(x) y la suma final R es el resto o residuo.

Ejemplo 6: Dividir $3x^5 - 38x^3 + 5x^2 - 1$: $x - 4$, utilizando la regla de Ruffini. Escribir el polinomio cuociente y el polinomio resto.

Solución:

3	0	– 38	5	0	– 1	4
	12	48	40	180	720	
3	12	10	45	180	719	

Polinomio cuociente $Q(x) = 3x^4 + 12x^3 + 10x^2 + 45x + 180$
Polinomio resto $R(x) = 719$

Raíces (o ceros) de un Polinomio

El **Teorema del Factor** y el **Teorema del Resto** se pueden extender al sistema de los números complejos. De esta manera, un número complejo $c = a + bi$ es un cero de un polinomio P(x); es decir,

$$P(c) = 0 \quad \text{si y sólo si} \quad x - c \text{ es un factor de } p(x).$$

A excepción de casos especiales, resulta muy difícil encontrar los ceros de un polinomio.

Por ejemplo, no son evidentes los ceros del polinomio: $P(x) = x^5 - 3x^4 + 4x^3 + 4x - 10$.

Más aún, no existe una fórmula que pueda usarse para encontrar los ceros. A pesar de la dificultad práctica para determinar los ceros de un polinomio, se puede avanzar en la teoría de tales ceros.

Teorema Fundamental del Álgebra

Si un polinomio P(x) tiene un grado mayor o igual que 1 y coeficientes complejos, entonces P(x) tiene al menos un cero complejo.

La comprobación habitual de este Teorema demanda resultado del campo de las matemáticas llamado funciones de variable compleja, a su vez, un requisito para estudiar este campo es un conocimiento a fondo del cálculo.
La primera demostración del Teorema Fundamental del Álgebra fue proporcionada por el matemático alemán **Carl Friedrich Gauss** (1777-1855), quien es considerado por muchos el más grande matemático de todos los tiempos.
Como un caso especial del Teorema Fundamental, si todos los coeficientes de P(x) son reales, entonces P(x) tiene por lo menos un cero complejo. Si $a + bi$ es un cero complejo, puede suceder que $b = 0$, en cuyo caso no referimos al número como **cero real.** Si el

Teorema Fundamental se combina con el teorema del factor, obtenemos el siguiente corolario.

Corolario

Todo polinomio P(x) de grado positivo tiene un factor de la forma x – c, en donde c es un número complejo.

Si P(x) es un polinomio de grado n > 0, entonces existen n números complejos $c_1, c_2, \ldots,$ tales que:

$$P(x) = a\,(x - c_1)\,(x - c_2) \ldots (x - c_n)$$

En donde a es el coeficiente principal de P(x). Cada número c_j es un cero de P(x).

Demostración:

El corolario permite, por lo menos en teoría, expresar todo polinomio P(x) de grado positivo como un producto de polinomios de grado 1. Si P(x) tiene grado n > 0, aplicando el corolario se obtiene:

$$P(x) = (x - c_1)\,P_1(x)$$

En donde c_1 es un número complejo y P_1 es un polinomio de grado n – 1.
Si n – 1 > 0, es posible aplicar nuevamente el corolario, obteniendo:

$$P_1(x) = (x - c_2)\,P_2(x)$$

En donde c_2 es un número complejo y P_2 es un polinomio de grado n – 2.
En consecuencia

$$P(x) = (x - c_1)\,(x - c_2)\,P_2(x)$$

Continuando este proceso, después de n pasos se obtiene un polinomio $P_n(x)$ de grado 0. De modo que $P_n(x) = a$ para algún número distinto de cero a, y se escribe:

$$P(x) = a\,(x - c_1)\,(x - c_2) \ldots (x - c_n)$$

En donde cada número complejo c_j es un cero de P(x). Evidentemente el coeficiente principal del polinomio de la derecha en la última ecuación es a.

Corolario

Un polinomio P(x) de grado n > 0 tiene cuando mucho n ceros complejos diferentes.

Demostración:

Se dará una demostración indirecta. Supóngase que P(x) tiene más de n ceros complejos. Elíjanse n + 1 de estos ceros y desígnelos como $c_1, c_2, \ldots, c_n$. Puede emplearse c_j para obtener la factorización indicada en el Teorema, sustituyendo x por c y usando el hecho que P(c) = 0, se obtiene:

$$0 = a\,(c - c_1)\,(c - c_2)\ldots\,(c - c_n)$$

Sin embargo, cada factor del lado derecho es diferente de cero porque $c \neq c_j,\ \forall\, j$ Como el producto de números distintos de cero no puede ser igual a cero, se tiene una contradicción.

Los números $c_1, c_2, \ldots, c_n$ del teorema anterior no necesariamente son todos diferentes.

Para ilustrar esto, el polinomio $M(x) = x^3 + x^2 - 5x + 3 = (x + 3)\,(x - 1)\,(x - 1)$

Si un factor x – c aparece m veces en la factorización, entonces c se llama cero de multiplicidad m de M(x), o bien solución de multiplicidad m de la ecuación M(x) = 0.

En el polinomio M(x), 1 es un cero de multiplicidad 2, y –3 es uno de multiplicidad 1.

Como otra ilustración, si $H(x) = (x - 2)\,(x - 4)^3\,(x + 1)^2$, entonces el polinomio tiene grado 6 y posee tres ceros: 2, 4, –1; en donde 2 es de multiplicidad 1; 4 es de multiplicidad 3, y –1 tiene multiplicidad 2.

Si P(x) es un polinomio de grado n y $P(x) = a\,(x - c_1)\,(x - c_2)\ldots(x - c_n)$, entonces los n números complejos $c_1, c_2, \ldots, c_n$ son ceros de P(x).
Si un cero de multiplicidad m se considera como m ceros, esto indica que P(x) tiene por lo menos n ceros (no necesariamente todas diferentes). Combinando esto con el hecho de que P(x) tiene cuando mucho n ceros, tenemos el siguiente resultado:

Teorema

Si P(x) es un polinomio de grado n > 0, y si el cero de multiplicidad m se considera m veces, entonces P(x) tiene necesariamente n ceros o raíces.

La siguiente Regla sirve para obtener información acerca de los ceros de un polinomio dado con coeficientes reales, ésta supone que los términos del polinomio están ordenados en potencias decrecientes de la variable y no aparecen los términos con coeficiente cero. También considera que el **término constante**, esto es, el término de la variable con exponente cero, es diferente de cero. Decimos que hay una variación de signo en el polinomio si dos coeficientes consecutivos tienen signos opuestos.

Regla de los Signos de Descartes

Si P(x) es un polinomio con coeficientes reales y términos constantes diferentes de cero, entonces:

- El número de ceros reales positivos del polinomio P(x) es igual al número de variaciones de signo de P(x), o es igual a este número menos un entero par;
- El número de soluciones reales negativas del polinomio P(x) es igual al número de variaciones de signo de P(–x), o es igual a este número menos un entero par.

Ejemplo 7:
Determinar los posibles ceros reales distinto de cero, aplicando la regla de Descartes, del polinomio $P(x) = 2x^5 - 7x^4 + 3x^2 + 6x - 5$.

Solución:

Para determinar los ceros reales distintos de 0, se ven las variaciones de signos de los polinomios P(x) y P(– x)

$P(x) = \underbrace{2x^5 - 7x^4}\underbrace{+ 3x^2}... $

$P(x) = \underbrace{2x^5 -}\,\underbrace{7x^4 +}\, 3x^2 + \underbrace{6x - 5}$, tiene tres variaciones de signo. Por lo tanto, P(x) tiene tres ceros reales positivos o un cero real positivo (3 – 2).

$P(-x) = -2x^5 \underbrace{-7x^4 +}\,\underbrace{3x^2 -}\, 6x - 5$, tiene dos variaciones de signo. Por lo tanto, tiene dos ceros reales negativos o ningún cero real negativo (2 – 2).

Concluyendo:

Ceros reales positivos	3	1	3	1
Ceros reales negativos	2	0	0	2
Ceros complejos	0	4	2	2
Total	5	5	5	5

Para obtener más información acerca de los ceros o raíces de un polinomio, se estudiará las cotas de las soluciones reales de un polinomio con coeficientes reales P(x).

Por definición, un número real **b** es una **cota superior** de las soluciones, si ninguna solución es mayor que **b** y un número real **a** es una **cota inferior** de las soluciones, si ninguna solución es menor que **a**.

Por lo tanto, si r es una solución real de P(x), entonces $a \leq r \leq b$.

Nótese que las cotas superior e inferior no son únicas, pues cualquier número mayor que b es también una cota superior, y cualquier número menor que a es una cota inferior.

Por medio de la división sintética se pueden encontrar las cotas superior o inferior de los ceros de P(x).

Cotas para los Ceros Reales de un Polinomio

Sea P(x) un polinomio con coeficientes reales cuyo coeficiente principal es positivo y al efectuar la división sintética de P(x) entre x – c, se tiene.

- Si $c > 0$, y si todos los números del tercer reglón del proceso de división son positivos o cero entonces c es una cota superior de los ceros reales de P(x).
- Si $c < 0$, y si todos los números del tercer reglón del proceso de división son alternadamente positivos y negativos (donde se considerará que un 0 es positivo o negativo), entonces c es una cota inferior de las soluciones.

Ejemplo 8:

Determinar la cota superior e inferior de los ceros reales del polinomio
$P(x) = 2x^3 + 5x^2 - 8x - 7$.

Solución:

Para resolver el ejercicio se utiliza la división sintética, probando las cotas con algunos reales.

Se intentará con los reales 1 y 2:

$2x^3 + 5x^2 - 8x - 7$: $x - 1$

2	5	–8	– 7	1
	2	7	– 1	
2	7	–1	– 8	

No todos los signos son positivos o cero.
Por lo tanto 1 no es cota superior.

$2x^3 + 5x^2 - 8x - 7$: $x - 2$

2	5	–8	– 7	2
	4	18	20	
2	9	10	13	

Todos los signos son positivos.
Por lo tanto 2 es cota superior.

Se recuerda que, al efectuar la división sintética, el tercer reglón indica los coeficientes del polinomio cuociente. En la 2ª división el polinomio cuociente es $Q(x) = 2x^2 + 9x + 10$.

Por el algoritmo de la división de polinomios, se tiene: $P(x) = (x - 2)(2x^2 + 9x + 10) + 13$.
Si $x > 2$. P(x) es positivo, de donde P(x) es distinto de cero para $x > 2$.

Se intentará con los reales 1 y 2:

$2x^3 + 5x^2 - 8x - 7$: $x - 1$

2	5	–8	– 7	1
	2	7	– 1	
2	7	–1	– 8	

No todos los signos son positivos o cero.
Por lo tanto 1 no es cota superior.

$2x^3 + 5x^2 - 8x - 7$: $x - 2$

2	5	–8	– 7	2
	4	18	20	
2	9	10	13	

Todos los signos son positivos.
Por lo tanto 2 es cota superior.

Se recuerda que al efectuar la división sintética, el tercer reglón indica los coeficientes del polinomio cuociente. En la 2ª división el polinomio cuociente es $Q(x) = 2x^2 + 9x + 10$.

Por el algoritmo de la división de polinomios, se tiene: $P(x) = (x - 2)\,(2x^2 + 9x + 10) + 13$. Si $x > 2$. $P(x)$ es positivo, de donde $P(x)$ es distinto de cero para $x > 2$.

Ahora ensayando con las cotas con los reales: $-1, -2, -3, -4$.

2	5	−8	−7	−1
	−2	−3	22	
2	3	−11	15	

No todos los signos son positivos o cero.
Por lo tanto − 1 no es cota inferior.

2	5	−8	−7	−2
	−4	−2	20	
2	1	−10	13	

No todos los signos son positivos o cero.
Por lo tanto −2 no es cota inferior.

2	5	−8	−7	−3
	−6	3	15	
2	−1	−5	8	

No todos los signos son positivos o cero.
Por lo tanto − 3 no es cota inferior.

2	5	−8	−7	−4
	−8	12	−16	
2	−3	4	−23	

Los signos están alternados.
Por lo tanto −4 es cota inferior.

Por el algoritmo de la división de polinomios, se tiene: $P(x) = (x + 4)\,(2x^2 - 3x + 4) - 23$. Si $x < 4$. $P(x)$ es negativo, de donde $P(x)$ es distinto de cero para $x < 4$.

La cota superior e inferior de los ceros reales del polinomio $P(x) = 2x^3 + 5x^2 - 8x - 7$ son 2 y -4 respectivamente, de donde los ceros reales del polinomio dado pertenecen al intervalo $[-4, 2]$

Raíces Complejas y Racionales

Teorema

Si un polinomio $P(x)$ de grado $n > 0$, tiene coeficientes reales y si z es un cero complejo de $P(x)$, entonces la conjugada z es también un cero de $P(x)$.

Demostración:

Sea $P(x) = a_0x^n + a_1x^{n-1} + \dots + a_{n-1}x + a_n$, en donde cada coeficiente a_k es un número real y $a_0 \neq 0$. Si $P(z) = 0$, entonces

$$a_0 z^n + a_1 z^{n-1} + \dots + a_{n-1}z + a_n = 0$$

Si dos números complejos son iguales, también lo serán sus conjugados, en consecuencia, el conjugado del lado izquierdo de la última ecuación es igual al conjugado del lado derecho; esto es,

$$\overline{a_0z^n + a_1z^{n-1} + \dots + a_{n-1}z + a_n} = \overline{0} = 0$$

El conjugado de cualquier suma de complejos es la suma de los conjugados. En consecuencia:

$$\overline{a_0z^n} + \overline{a_1z^{n-1}} + \dots + \overline{a_{n-1}z} + \overline{a_n} = 0$$

El conjugado de cualquier producto de complejos es el producto de los conjugados. De donde se tiene:

$$a_0\overline{z}^{n} + a_1\overline{z}^{n-1} + \ldots + a_{n-1}\overline{z} + a_n = P(\overline{z}) = 0$$

Por lo tanto, el conjugado de z es un cero de P(x)

Teorema

Todo polinomio con coeficientes reales y grado positivo puede ser expresado como productos de polinomios lineales y cuadráticos con coeficientes reales, en donde los factores cuadráticos no tienen ceros reales.

Demostración:

Sea P(x) un polinomio que tiene n ceros complejos $c_1, c_2, \ldots, c_n$, se puede escribir: $P(x) = a\,(x - c_1)\,(x - c_2) \ldots (x - c_n)$, en donde a es el coeficiente principal de P(x).

Por supuesto, algunos de los ceros pueden ser reales. En tales casos obtenemos los factores lineales referidos en el planteamiento del Teorema.

Si un cero c_k no es real, entonces por el Teorema anterior, su conjugado $\overline{c_k}$ es también un cero de P(x) y, en consecuencia, debe ser uno de los números c_j. Esto implica que tanto $x - \overline{c_k}$ como $x - c_k$ aparezcan en la factorización de P(x), si estos factores se multiplican, obtenemos:$(x - c_k)\,(x - \overline{c_k}) = x^2 - (c_k + \overline{c_k})\,x + c_k\overline{c_k}$, con coeficientes reales, ya que $c_k + \overline{c_k}$ y $c_k\overline{c_k}$.

Por lo tanto, los ceros complejos de P(x) y sus conjugados originan los polinomios cuadráticos que son irreductibles sobre R.

Se ha señalado anteriormente que en general es difícil encontrar los ceros de un polinomio de alto grado; sin embargo, si todos los coeficientes son números enteros o racionales, existe un método para encontrar los ceros racionales, cuando éstos existen. El método se deduce del siguiente teorema:

Teorema de las Raíces Racionales

Sea $P(x) = a_0x^n + a_1x^{n-1} + \ldots + a_{n-1}x + a_n$ un polinomio con coeficientes enteros. Si $\frac{c}{d}$ es un cero racional de P(x), en donde c y d no tienen factores primos comunes y $c > 0$, entonces c es un factor de a_n y d es un factor de a_0.

Demostración:

Se probará que c es un factor de a_n.

Si c = 1, el teorema queda demostrado, ya que 1 es factor de cualquier número.

Si $c \neq 1$, $\frac{c}{d} \neq 1$, ya que si $\frac{c}{d} = 1$, se tendría c = d, y como c y d no tienen ningún factor primo común, esto implica que c = d = 1, lo cual es una contradicción.

Por lo tanto, se tiene: $c \neq 1$ y $c \neq d$.

Como $P\left(\frac{c}{d}\right) = 0$, se tiene: $a_0\left(\frac{c^n}{d^n}\right) + a_1\left(\frac{c^{n-1}}{d^{n-1}}\right) + \ldots + a_{n-1}\left(\frac{c}{d}\right) + a_n = 0.$

Si se multiplica por d^n y se suma $-a_n d^n$, se obtiene:

$a_0 c^n + a_1 c^{n-1} d + \ldots + a_{n-1} c\, d^{n-1} = -a_n d^n$ /propiedad distributiva

$c\,(a_0 c^{n-1} + a_1 c^{n-2} d + \ldots + a_{n-1} d^{n-1}) = -a_n d^n$.

Con esto se demuestra que c es un factor del entero $a_n d^n$.

Si se descompone a c en sus factores de $a_n d^n$ primos, tales como $c = p_1 p_2 \ldots p_k$, entonces cada primo p_j es también factor de $a_n d^n$.

Sin embargo, por hipótesis, ninguno de los p_j es factor de d, esto implica que cada p_j es un factor de a_n, esto es, c es factor de a_n.

Con un argumento similar se puede demostrar que d es un factor de a_0.

Ejemplo 9:

Hallar los ceros racionales del polinomio $A(x) = 3x^4 + 14x^3 + 14x^2 - 8x - 8$

Solución:

Si $\frac{c}{d}$ es un cero racional de A(x), entonces c debe ser un divisor de -8 y d un divisor de 3.

Factores de $-8 = \{\pm 1, \pm 2, \pm 4, \pm 8\}$ Factores de $3 = \{\pm 1, \pm 3\}$.

Ceros racionales posibles de A(x) $\{\pm 1, \pm 2, \pm 4, \pm 8, \pm\frac{1}{3}, \pm\frac{2}{3}, \pm\frac{4}{3}$ y $\pm\frac{8}{3}\}$

Números posibles de ceros reales positivos y negativos:

$A(x) = 3x^4 + 14x^3 + 14x^2 - 8x - 8$. Una variación de signo.

Posibles ceros reales positivos: Uno.

$A(-x) = 3x^4 - 14x^3 + 14x^2 + 8x - 8$ Tres variaciones de signo

Posibles ceros reales negativos: Tres o uno

Probar los posibles ceros racionales, Se encuentra después de muchos ensayos que –2 es un cero. (Usando el teorema del resto) y haciendo la división sintética entre A(x) y (x + 2) para determinar los coeficientes del cuociente:

$$\begin{array}{ccccc|l} 3 & 14 & 14 & -8 & -8 & \underline{-2} \\ & -6 & -16 & 4 & 8 & \\ \hline 3 & 8 & -2 & -4 & |\,0 & \end{array}$$

Por el algoritmo de la división se tiene la factorización siguiente:
$A(x) = (x + 2)(3x^3 + 8x^2 - 2x - 4)$.

Las restantes soluciones deben ser ceros del segundo factor, y por lo tanto, se puede usar el último polinomio para encontrar los ceros. Haciendo la división sintética por $x + \frac{2}{3}$ se obtiene

$$\begin{array}{cccc|l} 3 & 8 & -2 & -4 & -\frac{2}{3} \\ & -2 & -4 & 4 & \\ \hline 3 & 6 & -6 & |\,0 & \end{array}$$

por lo tanto $-\frac{2}{3}$ es un cero de A(x).

Los ceros restantes son soluciones de la ecuación de segundo grado asociada al polinomio cuociente $3x^2 + 6x - 6 = 0$; al resolver la ecuación, los ceros restantes son: $-1 \pm \sqrt{3}$.

Por lo tanto, el polinomio A(x) tiene dos ceros racionales, -2 y $-\frac{2}{3}$, y dos irracionales, $-1 + \sqrt{3}$ y $-1 - \sqrt{3}$.

Estrategia para encontrar ceros racionales

Supóngase que P(x) es un polinomio de grado $n \geq 3$, con coeficientes enteros.

Paso 1: Lístense todos los ceros racionales posibles de P(x), usando el teorema de los ceros racionales.

Paso 2: Lístense los números posibles de ceros reales positivos y negativos usando la regla de los signos de Descartes.

Paso 3: Pruébense los posibles ceros racionales de la lista del paso 1 guiándose por los resultados del paso 2.

[Nota: Si se encuentra un cero racional r en algunos de los pasos de a hasta d de más abajo, escríbase P(x) = (x – r) Q(x) e inmediatamente procédase a encontrar los ceros racionales para Q(x), el polinomio reducido con respecto a P(x). Si Q(x) es de grado $n \geq 3$, vuélvase al paso 1 usando Q(x) en lugar de P(x). Si Q(x) es de segundo grado, encuéntrese todos los ceros utilizando los métodos básicos para resolver ecuaciones cuadráticas].

a.) Use los resultados de la regla de los signos de Descartes (paso 2) en conjunción con los pasos b a d para adelantar la posible eliminación de todos los ceros racionales de la lista en el paso 1.

b.) Use la división sintética para probar los posibles ceros enteros de la lista del paso 1.

c.) Cuide los cambios de signo en P(x) y pruebe las fracciones de la lista del paso 1 que están entre los enteros que producen un cambio de signo en P(x).

d.) Pruebe los posibles ceros racionales que quedan del paso 1. Si ninguno de los posibles ceros racionales del paso 1 son ceros, conclúyase que P(x) no tiene ceros racionales. Los ceros son irracionales o complejos.

Aproximación de ceros irracionales

Si el polinomio no tiene ceros racionales, pero sí los tiene irracionales, entonces el teorema del cero racional será de poca ayuda. Ya que los métodos generales para encontrar los ceros de polinomios de tercer y cuarto grado son largos y complicados y no existen métodos generales para encontrar los ceros de polinomios de grado mayor que cuatro, se introducirá el método de aproximación sucesiva, que facilitará aproximar los ceros irracionales al número de decimales que se desee.

En forma práctica, este método se emplea únicamente para aproximar ceros irracionales con dos decimales, ya que hay métodos disponibles más eficientes, sobre todo después de haber realizado algunos cálculos. El método de aproximación sucesiva tiene la ventaja, sin embargo, de ser fácilmente comprensible, y proporcionar un fundamento para comprender métodos más refinados. El aspecto tedioso de su aplicación se puede reducir en forma significativa con el uso de la calculadora, aunque ésta sea muy simple.

Estrategia para encontrar todos los ceros reales de un polinomio

Paso 1: Encuéntrese los ceros racionales por los métodos estudiados anteriormente y pónganse a un lado.

Paso 2: Escríbase el polinomio reducido final Q(x) resultante del paso 1

Paso 3: Use la regla de los signos de Descartes para determinar el número posible de ceros positivos y negativos que quedan después del paso1.

Paso 4: Aíslense los ceros racionales adicionales. Use la división sintética usando Q(x) para aislar los ceros irracionales, si es posible, entre enteros sucesivos observando los cambios de signo en Q(x).

Paso 5: Aproxímense ceros irracionales con la precisión deseada utilizando el método de aproximación sucesiva (descrito en el siguiente ejemplo).

Ejemplo 7: Encuentre los ceros reales para

$$P(x) = 2x^4 + x^3 + 4x^2 - 6x - 4.$$

(Aproxímense los ceros irracionales con dos decimales).

Solución: Encuéntrense los ceros racionales, si los hay.

Usando los métodos anteriores, se encuentra que $-\frac{1}{2}$ es el único cero racional:

2	1	4	-6	-4	$-\frac{1}{2}$
	−1	0	-2	4	
2	0	4	-8	|0	

Escríbase: $P(x) = (x + \frac{1}{2})(2x^3 + 4x - 8)$

Factorizar por 2 el segundo factor $\quad P(x) = 2(x + \frac{1}{2})(x^3 + 2x - 4)$

Escríbase el polinomio cuociente obtenido $Q(x) = x^3 + 2x - 4$.

Determínense los posibles ceros reales positivos y negativos para Q(x)

$Q(x) = x^3 + 2x - 4$ Una variación de signo

$Q(-x) = -x^3 - 2x - 4$ Ninguna variación de signo

Posibles ceros reales positivos: uno

Posibles ceros reales negativos: ninguno

Ahora se sabe con certeza que hay un cero irracional positivo.

En seguida se aíslan los ceros irracionales adicionales. Usando el teorema del resto, se calcula el resto al dividir el polinomio Q(x) por los enteros 0, 1, 2.

$$Q(0) = 0^3 + 2 \cdot 0 - 4 = -4$$
$$Q(1) = 1^3 + 2 \cdot 1 - 4 = -1$$
$$Q(2) = 2^3 + 2 \cdot 2 - 4 = +8$$

Del cálculo anterior, se observa que el cero irracional se encontraría entre 1 y 2.

Para obtener una imagen clara del punto donde se encuentra el cero en este intervalo, grafíquese el polinomio Q(x) en el intervalo [0, 2]. Este paso de graficación es opcional en la práctica

A continuación, se aproxima este cero racional con dos decimales, usando el método de aproximación sucesiva.

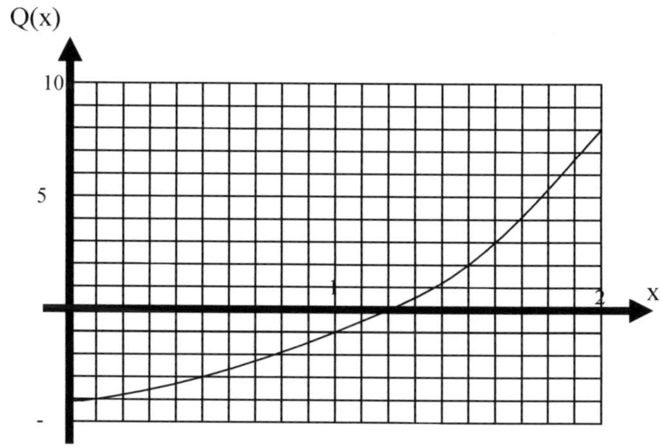

Método de aproximación sucesiva

El primer paso es dividir el intervalo unitario que contiene el cero en diez partes.
Para determinar el primer decimal del cero, se localiza el intervalo dentro de esta subdivisión donde P(x) cambia de signo.
Se repite este proceso dividiendo el sub-intervalo en diez partes, para localizar el segundo decimal, y así sucesivamente.
El proceso se puede repetir tantas veces como se desee, hasta obtener una aproximación decimal del cero irracional con la precisión deseada.
Para obtener una precisión con dos decimales se obtiene el tercero y se redondea al segundo decimal.
En general, se obtiene un decimal más de la precisión que se desea y después se redondea al anterior.
El cero racional Q(x) está entre 1 y 2. Divídase el intervalo [1, 2] en diez partes, localícese los puntos de coordenadas (1, P (1)) y (2, P (2)) y únanse estos dos puntos con una línea recta para determinar aproximadamente el lugar en que se encuentra el cero de Q(x).
(Generalmente sólo se dibuja la línea recta. De la figura parece que el cero está más cercano a 1 que a 2, por lo que se comienza de ese extremo.

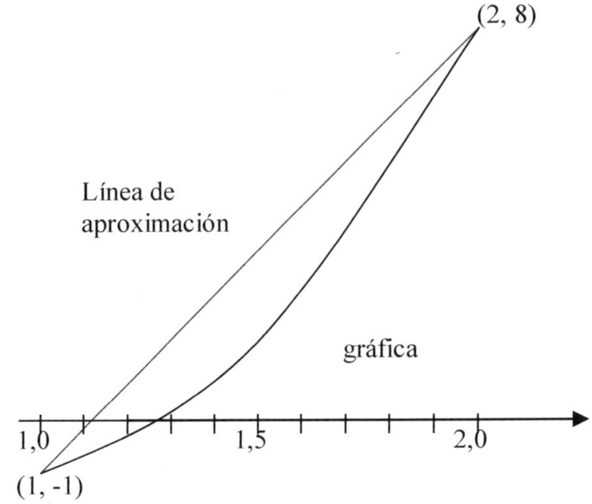

Nuevamente empleando el teorema del resto y una calculadora se encuentra P (1,0), P(1,1), P(1,2), etc., hasta que ocurre el cambio de signo:

$P(1{,}0) = 1{,}0^3 + 2\cdot 1{,}0 - 4 = -1$

cero | $P(1{,}1) = 1{,}1^3 + 2\cdot 1{,}1 - 4 = -\,0{,}469$ | Cambio de signo
| $P(1{,}2) = 1{,}2^3 + 2\cdot 1{,}2 - 4 = +\,0{,}128$ |

El cero está entre 1,1 y 1,2. Ahora se divide el intervalo de 1,1 a 1,2 en diez partes, se localiza los puntos de coordenadas (1,1; P (1,1)) y (1,2; P (1,2)) aproximadamente y se unen estos dos puntos con una línea recta para determinar en forma aproximada donde cruza el eje de las abscisas la gráfica del polinomio Q(x).

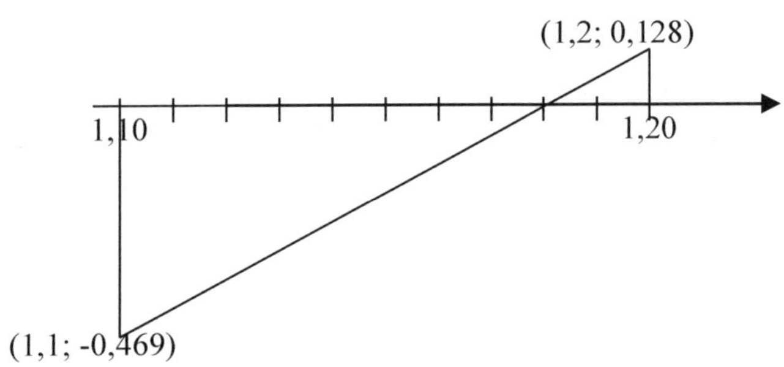

Pruébense los valores cercanos al punto de intersección para determinar el cambio de signo de Q(X).

$P(1{,}16) = 1{,}16^3 + 2\cdot 1.16 - 4 = -\,0{,}119$

cero | $P(1{,}17) = 1{,}17^3 + 2\cdot 1{,}17 - 4 = -\,0{,}058$ | Cambio de signo
| $P(1{,}18) = 1{,}18^3 + 2\cdot 1{,}18 - 4 = +\,0{,}003$ |

Ahora se tiene el cero entre 1,17 y 1,18. A continuación divídase este intervalo en décimos y procédase como antes.

$P(1{,}178) = 1{,}178^3 + 2\cdot 1{,}178 - 4 = -\,0{,}0093$

cero | $P(1{,}179) = 1{,}179^3 + 2\cdot 1{,}179 - 4 = -\,0{,}0031$ | Cambio de signo

$$P(1{,}180) = 1{,}180^3 + 2 \cdot 1{,}180 - 4 = +\ 0{,}0030$$

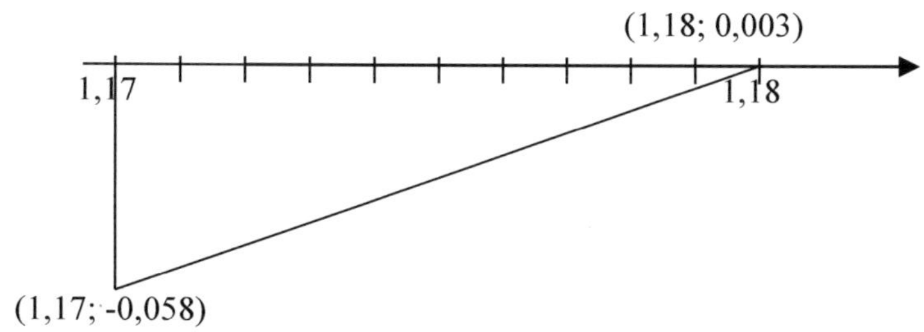

Es claro ahora que el cero irracional con dos decimales es 1,18; así los ceros del polinomio original $P(x) = 2x^4 + x^3 + 4x^2 - 6x - 4$ son $-\ 0{,}5$ y 1,18 aproximadamente.

Ejercicios Propuestos

1.) Determine el valor de cada polinomio dado para -1, $\sqrt{2}$, 0
   a.) $Q(x) = 3x^3 - x^2 + x - 3$
   b.) $H(x) = x^4 + x^3 - \dfrac{1}{2}$
   c.) $M(x) = -x^5 + 2x^4 - x + \dfrac{1}{3}$
   d.) $0K(x) = x^6 + x^4 - x^2 + 3$

2.) Sea $P(x) = x^3 - 3x^2 + x + 5$. Utilizar el teorema del resto para determinar P (2).

3.) Probar que $x - 2$ es un factor del polinomio $P(x) = x^3 - 4x^2 + 3x + 2$.

4.) Obtener un polinomio Q(x) de grado tres cuyos ceros sean 2, -1 y 3.

5.) Aplicar la división sintética para obtener el cuociente y el resto cuando se divide $2x^4 - 5x^3 - 2x - 8$ entre $x + 3$.

6.) Sea $P(x) = 3x^5 - 38x^3 + 5x^2 - 1$. Use división sintética para encontrar P (4).

7.) Comprobar que -11 es un cero del polinomio $A(x) = x^3 + 8x^2 - 29x + 44$

8.) Obtener un polinomio P(x) de grado 3 con ceros 2, -1, 3, que valga 5 en $x = 1$.

9.) Expresar $T(x) = x^5 - 4x^4 + 13x^3$ como un producto de factores lineales, y enumerar cinco ceros de T(x).

10.) Determinar el número de posibles soluciones reales positivas y negativas de la ecuación: $2x^5 - 7x^4 + 3x^2 + 6x - 5 = 0$.

11.) Discutir la naturaleza de las soluciones de la ecuación: $3x^5 + 4x^3 + 2x - 5 = 0$.

12.) Determinar las cotas superior e inferior de las soluciones reales de la ecuación:

$$2x^3 + 5x^2 - 8x - 7 = 0.$$

13.) Encontrar un polinomio C(x) de grado 4 que tenga coeficientes reales y ceros $2 + i$ y $-3i$.

14.) Expresar el polinomio $x^4 - 2x^2 - 3$ como un producto de polinomios lineales y también de polinomios lineales y cuadráticos con coeficientes reales que son irreducibles sobre R

15.) Determinar todas las soluciones racionales de la ecuación:

$$\frac{2}{3}x^4 + \frac{1}{2}x^3 - \frac{5}{4}x^2 - x - \frac{1}{6} = 0$$

16.) Encuentre todos los ceros racionales para:

a.) $P(x) = 3x^3 + 10x^2 + x - 6$

b.) $P(x) = 2x^3 - 7x^2 + 6x + 5$

c.) $P(x) = x^4 - 7x^3 + 17x^2 - 17x + 6$

17.) Encuentre todos los ceros reales para: $M(x) = x^3 + 2x - 7$

18.) Determine los ceros irracionales, con un decimal, en el intervalo [4, 5] del polinomio

$$S(x) = x^3 - 5x^2 + 3.$$

19.) Encuentre todos los ceros reales del polinomio $P(x) = 2x^4 + 3x^3 + 6x^2 - x - 15$

20.) Un envase de metal abierto está hecho de una pieza rectangular de lámina de 11 por 9 pulgadas con cuadrados cortados de la misma medida de cada esquina y los lados doblados. Si el volumen del envase es de 72 pulgadas cúbicas, ¿qué tamaño debe tener el cuadrado cortado en cada esquina?

UNIDAD IV

TEOREMA DEL BINOMIO

La suma a + b se denomina **binomio**. Algunas veces es necesario considerar $(a + b)^n$, donde n es un número entero positivo grande. El **Teorema del Binomio** proporciona una formula general para desarrollar $(a + b)^n$ como una suma. Algunos casos especiales, si se efectúan realmente las multiplicaciones, se obtiene:

$$(a + b)^2 = a^2 + 2ab + b^2$$

$$(a + b)^3 = a^3 + 3\,a^2b + 3\,ab^2 + b^3$$

$$(a + b)^4 = a^4 + 4a^3b + 6a^2b^2 + 4ab^3 + b^4$$

$$(a + b)^5 = a^5 + 5a^4b + 10a^3b^2 + 10a^2b^3 + 5ab^4 + b^5$$

Estos desarrollos de $(a + b)^n$, para n = 2, 3, 4 y 5, tienen las propiedades siguientes:

Propiedades

1.) Hay n + 1 términos, siendo a^n el primero y el último b^n.
2.) Al pasar de cualquier término al siguiente, la potencia de a decrece en 1, la potencia de b aumenta en 1. Entonces, la suma de los exponentes a y b es siempre n.
3.) Cada término es de la forma (c) $a^{n-k}b^k$, en que el coeficiente c es un número real y k es natural o cero.
4.) La fórmula siguiente es válida para cada uno de los coeficientes de los primeros n términos del desarrollo:

$$\frac{(\text{Coeficiente del término})\cdot(\text{Exponente de a})}{\text{Número del término}} = \text{Coeficiente del siguiente término}$$

La siguiente tabla ilustra la propiedad 4) para el desarrollo de $(a + b)^5$.

Número de orden del término	Coeficiente del término	Exponente de a	Coeficiente del término siguiente
1	1	5	$\frac{1\cdot 5}{1} = 5$
2	5	4	$\frac{5\cdot 4}{2} = 10$
3	10	3	$\frac{10\cdot 3}{3} = 10$
4	10	2	$\frac{10\cdot 2}{4} = 5$
5	5	1	$\frac{5\cdot 1}{5} = 1$

Así como antes se obtiene: $(a + b)^5 = a^5 + 5a^4b + 10a^3b^2 + 10a^2b^3 + 5ab^4 + b^5$.

Ahora se considerará $(a + b)^n$, para un entero positivo arbitrario n. El primer término es a^n, que tiene coeficiente 1. Si la propiedad 4) es cierta se obtienen los coeficientes sucesivos que se listan en la siguiente tabla.

Número de orden del término	Coeficiente del término	Exponente de a	Coeficiente del término siguiente
1	1	n	$\frac{1 \cdot n}{1} = \frac{n}{1} = n$
2	$\frac{n}{1}$	n – 1	$\frac{n \cdot (n-1)}{1 \cdot 2}$
3	$\frac{n \cdot (n-1)}{1 \cdot 2}$	n – 2	$\frac{n \cdot (n-1) \cdot (n-2)}{1 \cdot 2 \cdot 3}$
4	$\frac{n \cdot (n-1) \cdot (n-2)}{1 \cdot 2 \cdot 3}$	n – 3	$\frac{n \cdot (n-1) \cdot (n-2) \cdot (n-3)}{1 \cdot 2 \cdot 3 \cdot 4}$

El último coeficiente es el perteneciente al quinto término. De manera análoga, el coeficiente del sexto término es:

$$\frac{n \cdot (n-1) \cdot (n-2) \cdot (n-3) \cdot (n-4)}{1 \cdot 2 \cdot 3 \cdot 4 \cdot 5}$$

Ahora puede verse como el **coeficiente del término (k + 1)-ésimo** en el desarrollo de $(a + b)^n$ es el siguiente:

$$\frac{n \cdot (n-1) \cdot (n-2) \cdot (n-3) \cdots (n-k+1)}{1 \cdot 2 \cdot 3 \cdot 4 \cdots (k+1)}$$

Esta fracción puede escribirse de manera compacta usando la **notación factorial.** Si n es un entero positivo, el símbolo **n!**(que se lee "n factorial) se define de la siguiente manera:

$$n! = n \cdot (n-1) \cdot (n-2) \cdots 1, \quad \text{con } n > 0$$

Así, n! es el producto de los primeros n enteros positivos. Algunos casos especiales son:

$1! = 1$ $\qquad 2! = 2 \cdot 1 = 2$ $\qquad 3! = 3 \cdot 2 \cdot 1 = 6$

$4! = 4 \cdot 3 \cdot 2 \cdot 1 = 24$ $\qquad 5! = 5 \cdot 4 \cdot 3 \cdot 2 \cdot 1 = 120$

Para asegurar que ciertas formulas se verifican para todos los enteros no negativos se define 0! de la siguiente manera:

$$0! = 1$$

Nótese que para $n \geq 1, n! = n \cdot [(n-1)!] = n \cdot (n-1)!$ con $n > 0$

Para valores mayores de n se puede escribir

$n! = n \cdot (n-1) \cdot (n-2)! = n \cdot (n-1) \cdot (n-2) \cdot (n-3)!$ y así sucesivamente.

La fórmula para el coeficiente (k + 1)-ésimo en el desarrollo de $(a + b)^n$ se escribe como sigue:

$$\frac{n(n-1)(n-2)\ldots(n-k+1)}{1\cdot 2\cdot 3\ldots k}=\frac{\frac{n(n-1)(n-2)\ldots(n-k+1)(n-k)!}{(n-k)!}}{k!}=\frac{\frac{n!}{(n-k)!}}{k!}=\frac{n!}{k!(n-k)!}$$

Estos números se llaman **coeficientes binomiales** y a menudo se representan con la siguiente notación:

$$\binom{n}{k}=\frac{n!}{k!\cdot(n-k)!},\quad k=0,1,2,\cdots,n$$

El símbolo $\binom{n}{k}$, que denota al coeficiente (k + 1)-ésimo del desarrollo de $(a + b)^n$, se lee "n sobre k".

Ejemplo 1: Encontrar $\binom{5}{0}$, $\binom{5}{1}$, $\binom{5}{2}$, $\binom{5}{3}$, $\binom{5}{4}$ y $\binom{5}{5}$

Solución:

Estos seis números son los coeficientes del desarrollo de $(a + b)^5$, los cuales ya han sido tabulados anteriormente. Por la notación anterior:

$$\binom{5}{0}=\frac{5!}{0!\cdot(5-0)!}=\frac{5!}{1\cdot 5!}=1$$

$$\binom{5}{1}=\frac{5!}{1!\cdot(5-1)!}=\frac{5!}{1\cdot 4!}=\frac{5\cdot 4!}{4!}=5$$

$$\binom{5}{2}=\frac{5!}{2!\cdot(5-2)!}=\frac{5!}{2!\cdot 3!}=\frac{5\cdot 4\cdot 3!}{2!\cdot 3!}=\frac{20}{2}=10$$

$$\binom{5}{3}=\frac{5!}{3!\cdot(5-3)!}=\frac{5!}{3!\cdot 2!}=\frac{5\cdot 4\cdot 3!}{3!\cdot 2!}=\frac{20}{2}=10$$

$$\binom{5}{4}=\frac{5!}{4!\cdot(5-4)!}=\frac{5!}{4!\cdot 1!}=\frac{5\cdot 4!}{4!}=5$$

$$\binom{5}{5}=\frac{5!}{5!\cdot(5-5)!}=\frac{5!}{5!\cdot 0!}=\frac{1!}{0!}=\frac{1}{1}=1$$

Teorema del Binomio

El **Teorema del Binomio** se enuncia de la siguiente manera: Para todo entero positivo n,

$$(a+b)^n=\binom{n}{0}a^n+\binom{n}{1}a^{n-1}b+\binom{n}{2}a^{n-2}b^2+\ldots+\binom{n}{k}a^{n-k}b^k+\ldots+\binom{n}{n}b^n,\ n>0$$

Demostración:
Para todo entero positivo n,

$$(a+b)^n = \underbrace{(a+b)\cdot(a+b)\cdot(a+b)\cdot\ldots\cdot(a+b)}_{n \text{ factores } (a+b)}$$

Al efectuar la multiplicación de los binomios, se obtiene: $a^n + \ldots + C\,a^{n-k}\,b^k + \ldots b^n$, donde C es el coeficiente del término general $a^{n-k}\,b^k$, con $0 \le k \le n$.
Al hacer el producto $(a+b)\cdot(a+b)\cdot\ldots(a+b)$; $a^{n-k}\,b^k$ se obtiene eligiendo b en ciertos k factores y a en el resto $(n-k)$ factores.

Como k objetos se pueden elegir entre n elementos de $\binom{n}{k}$ formas diferentes, donde tenemos $C = \binom{n}{k}$, una demostración más formal, se hace mediante el método de inducción matemática.

La fórmula se verifica para n = 1, y, según hemos visto, y, según hemos visto, también se verifica para n = 1, 2, 3, 4, 5. Se prueba que "si la fórmula es cierta para n = r, lo es también para n = r + 1"

El Teorema del binomio se enuncia sin utilizar símbolos para los coeficientes binomiales como sigue:

$$(a+b)^n = a^n + n\,a^{n-1}\,b + \frac{n(n-1)}{2!}a^{n-2}\,b^2 + \ldots + \frac{n(n-1)(n-2)\ldots.(n-k+1)}{k!}\,a^{n-k}\,b^k + \ldots + na\,b^{n-1} + b^n$$

Ejemplo 2: Determinar el desarrollo binomial de $(2x + 3y^2)^4$

Solución:

Utilizando el teorema del binomio con $a = 2x$, $b = 3y^2$ y $n = 4$

$$(2x + 3y^2)^4 = (2x)^4 + \binom{4}{1}(2x)^3\,(3y^2)^1 + \binom{4}{2}(2x)^2\,(3y^2)^2 + \binom{4}{3}(2x)^1\,(3y^2)^3 + (3y^2)^4.$$

Lo anterior se simplifica:

$$(2x + 3y^2)^4 = 16x^4 + 4\,(8x^3)\,(3y^2) + 6\,(4x^2)\,(9y^4) + 4\,(2x)\,(27y^6) + 81y^8$$

$$= 16x^4 + 96\,x^3\,y^2 + 216\,x^2\,y^4 + 216\,x\,y^6 + 81y^8$$

Ejemplo 3: Desarrollar $\left(\frac{1}{x} - 2\sqrt{x}\right)^5$

Solución:

Los coeficientes binomiales para $(a+b)^5$ se calcularon en el ejemplo 1. Por lo tanto $a = \frac{1}{x}$, $b = -2\sqrt{x}$ y $n = 5$, por lo tanto:

$$\left(\frac{1}{x}-2\sqrt{x}\right)^5=\left(\frac{1}{x}\right)^5+5\left(\frac{1}{x}\right)^4\left(-2\sqrt{x}\right)+10\left(\frac{1}{x}\right)^3\left(-2\sqrt{x}\right)^2+10\left(\frac{1}{x}\right)^2\left(-2\sqrt{x}\right)^3+5\left(\frac{1}{x}\right)^3\left(-2\sqrt{x}\right)^4+\left(-2\sqrt{x}\right)^5$$

Simplificando la expresión: $\left(\frac{1}{x}-2\sqrt{x}\right)^5 = \frac{1}{x^5} - \frac{10}{x^{\frac{7}{2}}} + \frac{40}{x^2} - \frac{80}{x^{\frac{1}{2}}} + 80x - 32x^{\frac{5}{2}}$

Algunos problemas sólo requieren encontrar un término específico del desarrollo del binomio, para resolverlos se necesita el **término general** del desarrollo de $(a + b)^n$, es decir, el término de orden k que está dado por:

$$\frac{n(n-1)(n-2)(n-3)...(n-k+2)}{(k-1)!}a^{n-k+1}b^{k-1}$$

Conocer este término nos permite determinar cualquier término del desarrollo de la potencia de un binomio sin calcular los términos anteriores.

Ejemplo 4: Encontrar el quinto término del desarrollo de $(x^3 + \sqrt{y})^{13}$.

Solución:

El exponente de segundo término en el quinto término es 4 y así el exponente del primer término es 9.Por lo tanto el quinto término solicitado es:

$$\binom{13}{4}(x^3)^9(\sqrt{y})^4=\frac{13!}{4!(13-4)!}x^{27}y^2=\frac{13\cdot 12\cdot 11\cdot 10}{4!}x^{27}y^2=715x^{27}y^2.$$

Por último, hay una interesante disposición triangular conocido con el nombre de **Triángulo de Pascal**, que está formado por los coeficientes de los términos del desarrollo de $(a + b)^n$ para valores enteros y positivos de n. Estos coeficientes se llaman **Coeficientes binomiales**.

n = 0   1

n = 1   1   1

n = 2   1   2   1

n = 3   1   3   3   1

n = 4   1   4   6   4   1

n = 5   1   5   10   10   5   1

n = 6   1   6   15   20   15   6   1

Los números de la segunda fila son los coeficientes del desarrollo de $(a + b)^1$; los de la tercera son los que corresponden al de $(a + b)^2$ y así sucesivamente. En el triángulo de pascal observamos que los elementos de los extremos de cualquier fila son la unidad, ya que los coeficientes de los términos primero y último son iguales a 1. Cada elemento interior puede obtenerse como la suma de los dos elementos que aparecen en la fila inmediatamente superior y a la izquierda y derecha inmediatas de ese elemento.

Ejemplo 5: Encontrar los coeficientes para desarrollar $(a + b)^7$, usando el triángulo de Pascal.

Solución:

Escribir la séptima fila y usar el proceso descrito anteriormente:

1 6 15 20 15 6 1

1 7 21 35 35 21 7 1

Los números de la octava fila son los coeficientes del desarrollo de $(a + b)^7$, por lo tanto:

$$(a + b)^7 = a^7 + 7a^6 b + 21a^5 b^2 + 35a^4 b^3 + 35a^3 b^4 + 21a^2 b^5 + 7a\, b^6 + b^7.$$

El Triángulo de Pascal sirve para desarrollar pequeñas potencias de a + b; sin embargo, para el desarrollo de potencias grandes o para encontrar un término específico, es mejor referirse a la fórmula general dada por el teorema del binomio.

Ejercicios Propuestos

En los ejercicios del 1 a 12 determinar los números.

1.) $6!$ 2.) $5!$ 3.) $3! \cdot 2!^{3-2}$ 4.) $2! \cdot 0!$

5.) $\dfrac{8!}{5!}$ 6.) $\dfrac{7!}{3!}$ 7.) $\binom{7}{3}$ 8.) $\binom{6}{2}$

9.) $\binom{8}{5}$ 10.) $\binom{4}{4}$ 11.) $\binom{9}{4}$ 12.) $\binom{3}{2}$

Desarrollar y simplificar las expresiones de los ejercicios del 13 a 24.

13.) $(a + b)^6$ 14.) $(a - b)^7$ 15.) $(a - b)^8$ 16.) $(a + b)^9$

17.) $(3x - 5y)^4$ 18.) $(2\,t - 8)^5$ 19.) $(u^2 + 4v)^5$ 20.) $\left(\dfrac{1}{2}c + d^3\right)^4$

21.) $(r^{-2} - 2r)^6$ 22.) $\left(x^{\frac{1}{2}} - y^{\frac{1}{2}}\right)^6$ 23.) $(1 + x)^{10}$ 24.) $(1 - x)^{10}$

25.) Encontrar los primeros cuatro términos en el desarrollo binomial de $\left(3c^{\frac{2}{5}} + c^{\frac{4}{5}}\right)^{25}$

26.) Encontrar los primeros y los últimos tres términos en el desarrollo de $(x^3 + 5x^{-2})^{20}$

27.) Obtener los últimos dos términos del desarrollo de $(4b^{-1} - 3b)^{15}$

28.) Encuentre los últimos tres términos del desarrollo de $(s - 2t^3)^{12}$

Resuelva los ejercicios del 29 al 40 sin desarrollar el binomio completo:

29.) Determinar el quinto término del desarrollo de $\left(3a^2 + \sqrt{b}\right)^9$

30.) Encontrar el sexto término del desarrollo de $\left(\frac{2}{c} + \frac{c^2}{3}\right)^8$

31.) Determinar el séptimo término del desarrollo de $\left(\frac{1}{2}u + 2v\right)^{10}$

32.) Determinar el cuarto término del desarrollo de $(2x^3 - y^2)^6$

33.) Determinar el término medio del desarrollo de $\left(x^{\frac{1}{3}} - y^{\frac{1}{3}}\right)^{12}$

34.) Encontrar los dos términos medios del desarrollo de $(r\,s + t)^7$

35.) Encontrar el término que no contiene a x en el desarrollo de $\left(6x - \frac{1}{2x}\right)^{10}$

36.) Obtener el término que incluye a x^8 en el desarrollo de $(y + 3x^2)^6$.

37.) Encontrar el término que contiene a y^6 en el desarrollo de $(x + 2y^3)^4$.

38.) Determinar el término que contiene a b^9 en el desarrollo de $(5a + 2b^3)^4$

39.) Encontrar el término que contiene a c^3 en el desarrollo de $\left(\sqrt{c} + \sqrt{d}\right)^{10}$

40.) Encontrar el término que no contiene a y, en el desarrollo de $(x\,y - 2y^{-3})^8$

41.) Use los primeros cuatro términos del desarrollo binomial de $(1 + 0{,}02)^{10}$ para aproximar $(1{,}02)^{10}$ Compare con la respuesta que se obtiene usando calculadora.

42.) Use los primeros cuatro términos del desarrollo binomial de $(1 - 0{,}001)^4$ para aproximar $(0,^{-}99)^4$. Compare con la respuesta que se obtiene usando la calculadora.

UNIDAD V

LOGARITMOS

Los logaritmos fueron introducidos por John Napier a comienzos de siglo XVII como un medio de simplificación de cálculos. Éstos fueron prontamente adoptados por científicos, ingenieros y otros para realizar operaciones fácil y rápidamente, usando reglas de cálculo y tablas de logaritmos. Actualmente se usan computadores y calculadoras científicas.

La noción actual de logaritmo se debe a Leonhard Euler, quien conectó estos con la función exponencial.

Las operaciones potenciación y radicación están relacionadas con las potencias de números. Observar el siguiente diagrama:

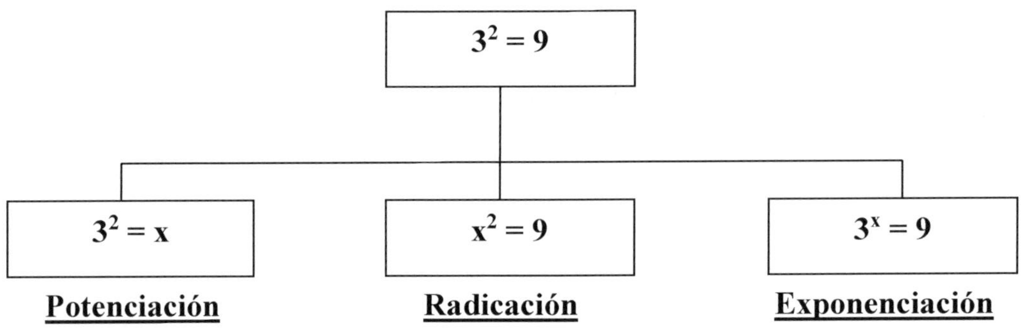

- La **potenciación**, que tiene por objetivo encontrar la potencia.
- La **radicación**, que tiene por objeto determinar la base.
- La **exponenciación**, que tiene por objeto encontrar el exponente. El exponente recibe el nombre de **logaritmo** y la operación correspondiente, **logaritmación.**

La potenciación tiene dos operaciones inversas; esto es así porque esta operación no cumple la propiedad conmutativa, cosa que sucede en la suma y el producto de números reales.

Notación Logarítmica de los Números

Las potencias de 10 ayudan a manejar los números y a tener una idea aproximada de los mismos según el orden entre las potencias entre las que está comprendido. Es evidente que puede utilizarse otra base cualquiera.

Todo número real positivo puede escribirse en la forma:

$$2^x,\ 3^x,\ 5^x,\ 10^x,\ \left(\frac{1}{2}\right)^x, \ldots, a^x$$

siendo la base un número positivo y distinto de 1.

Usando la calculadora se puede comprobar que:

$$2 = 10^{0,30103...}, \quad 4 = 10^{0,60206...}, \quad 500 = 10^{2,69897...}$$

En general el exponente no es, un número entero.

Fijada la base, cada número real positivo queda determinado por su **exponente.** El exponente, en esta notación, se llama **logaritmo.**

Por ejemplo, si $\mathbf{1000 = 10^3}$, entonces **3** es el logaritmo de **1000** en base **10.**

Se escribe: $\mathbf{\log_{10} 1000 = 3}$ ya que $10^3 = 1000$ base 10.

Los logaritmos en base 10 se llaman **logaritmos decimales.** La base 10 puede sustituirse por otro número cualquiera **mayor que 0 y distinto de 1.**

$$\mathbf{\log_3 81 = 4 \text{ porque } 3^4 = 81}$$

Definición

El **logaritmo en base a** de un número **N**, es otro número n, tal que $\mathbf{a^n = N}$, es decir:

$$\mathbf{\log_a N = n \Leftrightarrow a^n = N}, \text{ con } a > 0 \wedge a \neq 1, N \in \mathbf{R}^+, n \in \mathbf{R}$$

Consecuencias inmediatas de la definición

1. El logaritmo de 1 es 0 (en cualquier base), es decir, $\log_a 1 = 0$ porque $a^0 = 1$, $\forall\, a \in R - \{0\}$.
2. El logaritmo de la base es 1, es decir, $\log_a a = 1$ porque $a^1 = a$, $\forall\, a \in R$.
3. Sólo tienen logaritmo los números positivos.

Ejemplo 1:

a.) $\log_3 81 = x \quad \Leftrightarrow \quad 3^x = 81 = 3^4$ de donde $x = 4$

b.) $\log_2 128 = x \quad \Leftrightarrow \quad 2^x = 128 = 2^7$ de donde $x = 7$

c.) $\log_3 \sqrt{243} = x \quad \Leftrightarrow \quad 3^x = \sqrt{243} = (3^5)^{\frac{1}{2}} = 3^{\frac{5}{2}}$ de donde $x = \dfrac{5}{2}$

d.) $\log_5 625 = x \quad \Leftrightarrow \quad 5^x = 625 = 5^4$ de donde $x = 4$

Propiedades de los Logaritmos

Las propiededes de los logaritmos son las propiedades de las potencias cuando los números se escriben en forma logarítmica.

Aquí se utiliza la base decimal, pero los resultados son válidos para cualquiera otra base.

- **Logaritmo de un producto es igual a la suma de los logaritmos.**

Números	N	M	N · M
En base 10	10^x	10^y	10^{x+y}
Logaritmo	x	y	x + y

$$\log N + \log M = \log N \cdot M$$

- **Logaritmo de un cuociente es igual a la diferencia de los logaritmos.**

Números	N	M	N · M
En base 10	10^x	10^y	10^{x-y}
Logaritmo	x	y	x - y

$$\log N - \log M = \log \frac{N}{M}$$

- **Logaritmo de una potencia es igual al producto del exponente por el logaritmo de la base.**

Números	N	M^m
En base 10	10^x	$(10^x)^m = 10^{mx}$
Logaritmo	x	$m \cdot x$

$$\log N^m = m \log N$$

Calculando Logaritmos

Piensa las siguientes equivalencias:

$$100 < 500 < 1000 \iff 10^2 < 10^x < 10^3$$
$$\iff 2 < x < 3$$
$$\iff 2 < \log 500 < 3$$

La determinación del logaritmo de un número se hace por aproximaciones, lo mismo que en las potencias y raíces reales. Aquí probamos la existencia del logaritmo; el cálculo efectivo se hace por otros métodos que caen fuera de este curso.

La utilización práctica de los logaritmos exige el empleo de calculadoras o tablas, lo mismo que sucede cuando se manejan raíces o potencias no inmediatas.

Un modelo: ¿Cómo se calcula el logaritmo de 2 en base 10?

Razona cada uno de los siguientes pasos y utiliza la calculadora (tecla y^x) para comprobarlo. Por ejemplo:

LOGARITMOS DECIMALES		
Intervalos de potencias	Intervalos numéricos	Intervalos logarítmicos
$\mathbf{10^0 < 2 < 10^1}$	$\Leftrightarrow$ **1 < 2 < 10**	$\Leftrightarrow$ **0 < log 2 < 1**
$\mathbf{10^{0,3} < 2 < 10^{0,4}}$	$\Leftrightarrow$ **1,99 < 2 < 2,51**	$\Leftrightarrow$ **0,3 < log 2 < 0,4**
$\mathbf{10^{0,30} < 2 < 10^{0,31}}$	$\Leftrightarrow$ **1,995 < 2 < 2,04**	$\Leftrightarrow$ **0,30 < log 2 < 0,31**
$\mathbf{10^{0,301} < 2 < 10^{0,302}}$	$\Leftrightarrow$ **1,9998 < 2 < 2,004**	$\Leftrightarrow$ **0,301 < log 2 < 0,302**
. . . < 2 < . . .	$\Leftrightarrow$ **. . . < 2 < . . .**	$\Leftrightarrow$ **. . . < log 2 < . . .**

Siguiendo este proceso de tanteo se acerca cada vez más al verdadero valor de log 2. Al aumentar el número de cifras, el error que se comete es cada vez más pequeño y se aproxima a 0.

- Cada uno de estos pasos determina un intervalo, dentro del cual se encuentra log 2:

  $\log 2 \in [0, 1]$

  $\log 2 \in [0{,}3, 0{,}4]$

  $\log 2 \in [0{,}30, 0{,}31]$

  $\log 2 \in [0{,}301, 0{,}302]$ etc.

- Cada intervalo está contenido en el anterior.
- La diferencia entre los intervalos se aproxima a 0. Se tiene así una sucesión de intervalos de aproximación (o encajados). El número real que determina es log 2.

Este proceso es válido para cualquier número y cualquier base.

Fijada una base positiva y distinta de 1, a cada número real positivo le corresponde un logaritmo, y recíprocamente.

Cambio de Base

Conocidos los logaritmos en una base se pueden hallar fácilmente en cualquiera otra. La base que se utiliza en la práctica es 10: logaritmos decimales. Nota: los logaritmos de base 10, no se escribe la base, $\log_{10} N$, se escribe $\log N$.

Por ejemplo, queremos determinar en base 2 el logaritmo de un número N; es decir:

$$\mathbf{x = \log_2 N \Leftrightarrow \quad N = 2^x}$$

Para calcular x tomamos logaritmos decimales en los dos miembros:

$$\log N = \log 2^x \Leftrightarrow \log N = x \log 2$$

de donde: $x = \dfrac{\log N}{\log 2}$ luego: $\log_2 N = \dfrac{\log N}{\log 2}$

Análogamente, los logaritmos en base 3 y 5 del número N (compruébelo) son:

$$\log_3 N = \frac{\log N}{\log 3} \qquad \log_5 N = \frac{\log N}{\log 5}$$

Si las bases son menores que 1, por ejemplo, $\frac{1}{2}, \frac{1}{3}, \frac{1}{5}$, los logaritmos del número A son:

$$\log_{\frac{1}{2}} N = \frac{\log N}{\log \frac{1}{2}} = \frac{\log N}{(-\log 2)} = -\frac{\log N}{\log 2} \qquad \log_{\frac{1}{3}} N = \frac{\log N}{\log \frac{1}{3}} = \frac{\log N}{(-\log 3)} = -\frac{\log N}{\log 3}$$

$$\log_{\frac{1}{5}} N = \frac{\log N}{\log \frac{1}{5}} = \frac{\log N}{(-\log 5)} = -\frac{\log N}{\log 5}$$

Y en general: $\log_a N = \dfrac{\log N}{\log a}$ $(a > 1)$ $\log_{\frac{1}{a}} N = -\dfrac{\log N}{\log a}$ $(a > 1)$

Dos resultados importantes:

1. Solamente se necesita conocer los logaritmos en una base; los demás se obtienen aplicando el proceso anterior.
2. Los logaritmos de un número en bases inversas $\left(a, \frac{1}{a}\right)$ son opuestos.

Operando con Logaritmos

Los logaritmos son números reales: log 2 es un número irracional.
Las expresiones numéricas en las que aparecen logaritmos se pueden reducir utilizando las propiedades de las operaciones aritméticas y las tres propiedades de los logaritmos.
En relación con esto, conviene saber también lo que no se puede hacer, ya que los errores son muy frecuentes.

- No se puede reducir $\log 2 + \log 3$ (sin operar previamente):
  $\log 2 + \log 3 = \log (2 \cdot 3) = \log 6$ $\qquad$ $\log 2 + \log 3 \neq \log 5$

- No se puede reducir $\log 6 - \log 2$ (sin operar previamente)
  $\log 6 - \log 2 = \log (6 : 2) = \log 3$ $\qquad$ $\log 6 - \log 2 \neq \log 4$

- Observe las siguientes desigualdades:

  $1 + \log 2 \neq \log 3$

  | |

  $\log 10 + \log 2 = \log (10 \cdot 2) = \log 20$

  $3 - \log 2 \neq 1$

  | |

  $\log 1000 - \log 2 = \log (1000 : 2) = \log 500$

- Para reducir logaritmos por suma o diferencia tienen que ser homogéneos (semejantes), es decir, misma base y mismo número. Es correcta la siguiente suma en la que los sumandos son semejantes:

  $$3 \log 2 + 5 \log 2 = 8 \log 2$$

  Lo mismo sucede con la siguiente diferencia:

  $$5 \log 2 - 3 \log 2 = 2 \log 2$$

Ejemplo 2: Justifique los pasos de los ejercicios siguientes:

a.) $5 \log 2 - 3 \log 2 = 2 \log 2 = \log 2^2 = \log 4$

b.) $\log x^3 - \log x^2 = 3 \log x - 2 \log x - 0 \log x$

c.) $\log 3 + \log 4 - \log 2 = \log 3 + 2 \log 2 - \log 2 = \log 3 + \log 2 = \log 6$

d.) $A = (\log 27 + \log 64) - (\log 8 - \log 9)$
$= 3 \log 3 + 6 \log 2 - 3 \log 2 + 2 \log 3$
$= 5 \log 3 + 3 \log 2$
$= 5 \log 3 + \log 8$
$= \log 3^5 \cdot 8$

Ecuaciones Exponenciales y Logarítmicas

Ecuación Exponencial

Una ecuación exponencial es aquella en la cual la incógnita (o las incógnitas) aparecen en algún exponente.

Ejemplos: $2^{2x-3} = 5$; $m^x = n^{2x-3}$; $\left.\begin{array}{l} q^{x+y} = 5 \\ 5^{x-5} = 3 \end{array}\right|$

Para resolver una ecuación exponencial primeramente, si es necesario se despeja la expresión exponencial. El siguiente paso consiste en tomar logaritmos en ambos miembros en una base apropiada. En este paso se usa la propiedad de que si dos expresiones son iguales, también sus logaritmos son iguales ya que, la potenciación es la operación inversa de la logaritmación. Por lo tanto la solución de este tipo de ecuaciones en general se obtiene usando propiedades de potencias para igualar base y en otros casos aplicando logaritmos.

Aquí es recomendable el uso de calculadora la cual normalmente trae las teclas: ln x y log x que representan el logaritmo natural (base e) y el logaritmo común o decimal (base 10) respectivamente.

Ejemplo 3:

1. $2^x = 10$ / aplicar log en ambos lados de la igualdad

$\log 2^x = \log 10$ / aplicar propiedad de log de una potencia

$x \log 2 = \log 10$ / multiplicar por $\frac{1}{\log 2}$ en ambos miembros

$$x = \frac{\log 10}{\log 2} \approx \frac{1}{0{,}3010} \approx 3{,}3219$$

2. $2^{2x-3} = 5$ / aplicar log en ambos lados de la igualdad

$\log 2^{x-3} = \log 5$ / aplicar propiedad de log de una potencia

$(2x - 3) \log 2 = \log 5$ / resolver paréntesis en el primer miembro

$2x \log 2 - 3 \log 2 = \log 5$ / sumar $3 \log 2$ en ambos miembros

$2x \log 2 = \log 5 + 3 \log 2$ / multiplicar por $\frac{1}{2\log 2}$ en ambos miembros

$x = \dfrac{\log 5 + 3\log 2}{2\log 2}$ / aplicando propiedades de log

$$x = \frac{\log 40}{\log 4} \approx \frac{1{,}6021}{0{,}6021} \approx 2{,}6610$$

Ecuación Logarítmica

Una ecuación logarítmica es aquella que contienen expresiones logarítmicas con incógnitas con una o más incógnitas.

Ejemplos: $\log \sqrt{x} = 5$ $\log 2x + \log x^2 = \log 9$

Para resolver este tipo de ecuaciones con una sola incógnita, se le transforma primeramente en una expresión que no contenga logaritmos. En este proceso se aplica la propiedad que dice: "si los logaritmos de dos expresiones son iguales, las expresiones son también iguales. En estos problemas es importante comprobar todas las soluciones que se obtienen, ya que no se consideran las soluciones que corresponden a números negativos.

Ejemplo 4:

1. $\log x + \log (x+1) = \log 6$ /aplicar la propiedad logaritmo de un producto
$\log (x \cdot (x+1)) = \log 6$ /resolver paréntesis en argumento del log
$\log (x^2 + x) = \log 6$ /aplicar antilogaritmo
$x^2 + x = 6$ /sumar - 6
$x^2 + x - 6 = 0$ /resolver la ecuación de 2° grado
$x = -3$ o $x = 2$

Una vez obtenidas las soluciones de la ecuación cuadrática, se debe comprobar si dichos valores son soluciones de la ecuación logarítmica dada, pues se sabe por definición que el argumento del logaritmo es un número real positivo.

Si $x = 2 \Rightarrow \log 2 + \log (2+1) = \log 6 \Rightarrow \log 2 + \log 3 = \log 6 \Rightarrow \log (2 \cdot 3) = \log 6$
$\therefore \log 6 = \log 6$

Si $x = -3$ no es solución de la ecuación dada porque -3 no es real positivo.

2. $\log x - \log (x+3) = -1$ /aplicar propiedad y definición

$\log \frac{x}{x+3} = \log 10^{-1}$ /aplicar antilogaritmo

$\frac{x}{x+3} = \frac{1}{10}$ /multiplicar por $10 \cdot (x+3)$, si $x \neq 3$

$10x = x + 3$ /sumar $-x$

$9x = 3$ / multiplicar por $\frac{1}{9}$

$x = \frac{1}{3}$

Comprobar la solución.

Ejercicios Propuestos

1. Si log 2 = 0,3, calcular: a) log 8, b) log5 c) log125 d) log 0,64
2. Calcular los logaritmos en base 5 de los siguientes números utilizando la calculadora:
   a) 123 b) 7 c) 500
3. Calcular los siguientes logaritmos: $\log_2 4$, $\log_3 \frac{1}{9}$, $\log \sqrt[3]{10000}$
4. Calcular los siguientes logaritmos usando la definición (potencias) $\log_{\frac{1}{10}} 0{,}01$, $\log_{\frac{1}{3}} 81$, $\log_{\frac{1}{2}} \sqrt[3]{2}$
5. Utilizar la calculadora y los logaritmos decimales para encontrar el logaritmo de: base 2 de 7; base 5 de 27; base 11 de 237.
6. Utilizar la calculadora y en ella la tecla x^y para determinar los números cuyo logaritmo es: 0,3; 2,3; 1,3; 3,3. ¿Qué relación existe entre estos números (A este cálculo se le llama **antilogaritmo**).
7. Encontrar el valor de: a) $\log 1000 - \log 0{,}001 + \log \frac{1}{1000}$ b) $\log 7 + \log \left(\frac{1}{7}\right)$
8. Pasar a forma algebraica las siguientes expresiones, aplicando logaritmos decimales en las siguientes expresiones:

   a.) $x \cdot y \cdot z$ b.) $x^2 \cdot y^2 \cdot z^2$ c.) $\frac{x^3 \cdot y}{z^5}$ d.) $\sqrt{x^3 \cdot y \cdot z^5}$

   e.) $\frac{x \cdot y \cdot z}{t}$ f.) $x^2 \cdot t^3 \cdot z^5 \cdot t^7$ g.) $\frac{4 \cdot \pi \cdot r^3}{3}$ h.) $x \cdot \sqrt{y} \cdot \sqrt{z}$

9. Escribir en notación logarítmica de base 5 los siguientes números: 1, 5, 25, 125, $\frac{1}{5}$, $\frac{1}{25}$, $\frac{1}{125}$, $\frac{25}{3125}$.
10. Indicar entre qué potencias de 10 se encuentran los números cuyos logaritmos decimales son los siguientes: 0,57, 4,349, – 0, 03, – 0, 0004.
11. Indicar entre qué potencias de 10 se encuentran los logaritmos decimales de los siguientes números: 23, 2349, 0, 2, 0, 002
12. Determinar la base en la cual el logaritmo de: 1000 es 2; 125 es $\frac{3}{2}$
13. Expresar los logaritmos de los siguientes números en término de log 3: 9, $\frac{1}{27}$, $\sqrt{\frac{1}{3}}$
14. Determinar los números cuyos logaritmos decimales están comprendidos entre –2 y 2
15. Escribir como un solo logaritmo, las siguientes expresiones:

    a.) log x + log y – log z b.) 2 log x – 3 log y + 5 log z
    c.) 2 log x – log y + 3 d.) 1 – log x + 3 log z

e.) $3 - \log 1000 + 2 \log x$

16. Determinar cuáles de las siguientes igualdades son verdaderas o falsa. ¿Por qué?
    a.) $\log 2 + \log 3 = \log 5$
    b.) $\log 2 + \log 3 = \log 6$
    c.) $\log 15 - \log 5 = \log 10$
    d.) $\log 5 - \log 5 = \log 3$
    e.) $\log 2x + \log 1 = \log (2x + 1)$
    f.) $\log x + \log 10 = 3 \Leftrightarrow x \cdot 10 = 3$
    g.) $\log x + \log 7 = \log y \Leftrightarrow x + y = 7$
    h.) $\log 100 < \log 1000$
    i.) $\log 0{,}01 < \log 0{,}0001$
    j.) $\log_3 81 < \log_9 81$

17. ¿Por qué un número negativo no puede tener logaritmo real?

18. ¿Tienen algo en común los logaritmos decimales de 2,5 y 2500? Justificar.

19. La calculadora da los logaritmos decimales de cualquier número. ¿Cómo calcular el logaritmo en base 7 de 23? Justificar el proceso seguido.

20. ¿Qué relación existe entre los números A y B si se verifica que $\log A + \log B = 0$? Justificar la respuesta.

21. Si $\log_a N = 2$ y $\log_a 32 \cdot N = 5$, ¿cuál es el valor de a? ¿Qué propiedad se utiliza? Justificar la respuesta.

22. Si la base de logaritmos es $\frac{1}{2}$, ¿cómo son los logaritmos de los números mayores que 1? ¿Y entre 0 y 1?

23. Demostrar que
    a) $\log_a b \cdot \log_b a = 1$
    b) $\log(a^2 - b^2) = \log ab + \log\left(\frac{a}{b} - \frac{b}{a}\right)$

24. Encontrar la solución de las siguientes ecuaciones exponenciales:
    a.) $2^x = 2^{3x-5}$
    b.) $2 \cdot 3^{5x-3} = 3 \cdot 2^x$
    c.) $3^{5x} \cdot 2^{3x-1} = 3^{x+4}$
    d.) $3^{x^2+4x} = \frac{1}{27}$
    e.) $3^{2x-1} + 3 = 27$
    f.) $5^{3x-1} \cdot 2^{2x-4} = 1$
    g.) $2\left[2^{3x-2} \cdot 5^x\right] = 2^{2x+4} \cdot 3^{3x}$
    h.) $3^{5x} \cdot 9^{x^2} = 81$
    i.) $\sqrt[x]{7776} = 6$
    j.) $\sqrt[x]{5^3} + \sqrt[x]{5^6} = 30$
    k.) $x^x - x = 3(1 + x^{-x})$
    l.) $e^x - e^{-x} = 2$
    m.) $10^x + 10^{-x} = 10$
    n.) $3^x + 3^{x-1} + 3^{x-2} + 3^{x-3} + 3^{x-4} = 363$

25. Encontrar la solución de las siguientes ecuaciones logarítmicas:

a.) $\log x - \log(x-1) = \log 3x - 1$

b.) $\log x + \log(x+5) = 2$

c.) $\log x^2 = (\log x)^2$

d.) $\log x^3 = \log^2 x + 1$

e.) $2\log(x+5) - \log(x+1)^2 = \log 2$

f.) $\dfrac{\log(x+7)}{2} = \log\,(x+5)$

g.) $\log\,(7x-9)^2 + \log\,(3x-4)^2 = 2$

h.) $\dfrac{1}{5-\log x} + \dfrac{1}{1+\log x} = 1$

i.) $\dfrac{\log(35-x)}{\log(5-x)} = 3$

j.) $\log\sqrt{7x+5} + \log\sqrt{2x+7} = 1 + \log 4{,}5$

REFERENCIAS

- Barnett, Raymond A. *Algebra y Trigonometría.* Mc Graw Hill. 1994.
- Cvitanic, Catalina y otros. *Elementos de Álgebra.* Impresión Dirección de Docencia ULS. 2002. Chile
- Lehmann, Charles. *Álgebra.* Ed. Limusa. 1990. México
- Peralta, Mª Alejandra y otros. *Introducción al Cálculo.* Impresión Dirección de Docencia ULS. 2004. Chile
- Pröschle, F. *Álgebra.* Ediciones Ceres. Chile.
- Swokowski, Earl. *Álgebra y Trig. con Geometría Analítica.* Gr. Edit. Iberoamericana. 1988. México
- Vance, Elbridge P. *Introducción a la Matemática Moderna.* Ed. Addison Wesley.
- Vizmanos, J. R. et al. *Algoritmo 2.* Ediciones SM. 1990. Madrid.

Made in the USA
Monee, IL
22 October 2026

66405501R00042